高等学校计算机专业系列教材

"十二五"普通高等教育本科国家级规划教材
浙江省普通本科高校"十四五"重点教材
浙江省普通高校"十三五"新形态教材

C语言程序设计与实践实验指导
第2版

谢满德 刘文强 张国萍 编著

Lab Manual for C Language
Programming and Practice

Second Edition

机械工业出版社
CHINA MACHINE PRESS

本书分为两个部分。第一部分为基本实验，包括 11 个主题实验（实验 1～实验 11），主要是与《C 语言程序设计与实践 第 3 版》教材的授课进度和章节相配套。每个实验都给出了实验目的和要求、实验内容、实验内容扩展等。"实验内容"部分给出了实验源代码和分析讨论，主要是为了帮助学生巩固所学知识点和加深理解，同时让基础比较薄弱的学生容易上手；而"实验内容扩展"部分，则是让大多数学生在通过前面的简单实验熟悉所学知识后，进行更深层次的探索。第二部分为综合实验，包括实验 12 和实验 13，通过项目开发全过程的全方位指导，从需求分析、算法设计到程序编写和过程调试，以项目实训的形式引导和帮助学生解决实际问题，提高学生解决具体问题的能力，并培养学生用多函数、多文件组织程序的思维习惯。

本书适合作为高等学校计算机及相关专业 C 语言程序设计课程的配套实践教材。

图书在版编目（CIP）数据

C 语言程序设计与实践实验指导 / 谢满德，刘文强，张国萍编著 . — 2 版 . —北京：机械工业出版社，2023.10

高等学校计算机专业系列教材

ISBN 978-7-111-73916-6

I. ① C⋯　Ⅱ. ①谢⋯ ②刘⋯ ③张⋯　Ⅲ. ① C 语言 – 程序设计 – 高等学校 – 教学参考资料　Ⅳ. ① TP312.8

中国国家版本馆 CIP 数据核字（2023）第 182151 号

机械工业出版社（北京市百万庄大街 22 号　邮政编码 100037）

策划编辑：朱　劼　　　　　责任编辑：朱　劼　陈佳媛
责任校对：梁　园　张　薇　责任印制：单爱军
保定市中画美凯印刷有限公司印刷
2024 年 1 月第 2 版第 1 次印刷
185mm×260mm・9.75 印张・171 千字
标准书号：ISBN 978-7-111-73916-6
定价：49.00 元

电话服务　　　　　　　　网络服务
客服电话：010-88361066　机　工　官　网：www.cmpbook.com
　　　　　010-88379833　机　工　官　博：weibo.com/cmp1952
　　　　　010-68326294　金　书　网：www.golden-book.com
封底无防伪标均为盗版　　机工教育服务网：www.cmpedu.com

前　言

　　C语言程序设计在计算机学科教学中具有十分重要的作用。大力加强该课程的建设，提高该课程的教学质量，有利于教学改革和教育创新，有利于创新人才的培养。该课程旨在培养学生良好的编程习惯，帮助他们掌握常见的算法思路，真正提高运用C语言编写程序解决实际问题的综合能力，为后续课程实践环节的教学打好基础。

　　C语言具有逻辑性强，处理问题周密、严谨的特点。"C语言程序设计"是一门实践性很强的课程，集知识学习和技能训练于一体，要求学生既要学好理论知识，又要掌握实际操作技能。学生只有通过大量的上机实验，才能真正掌握C语言。因此，除了注重课堂教学外，还需要特别重视实践环节，加强学生的动手能力培养，这是提高课程教学质量的关键。为了帮助广大学生更好地掌握C语言程序设计课程，我们已经组织C语言程序设计课程组的教师编写了"十二五"普通高等教育本科国家级规划教材和浙江省普通本科高校"十四五"首批新工科、新医科、新农科、新文科重点建设教材《C语言程序设计与实践》与《C语言程序设计与实践实验指导》。市面上现有的C语言程序设计实验教材，在实验内容的设计上，要么过于简单，多为验证性或低难度的设计实验，要么过于复杂，多为项目案例，没有充分考虑学生层次上的差异，选作实验教材教学效果不理想，因此我们编写了本书以满足实验教学的需要。

　　本书的框架结构分为两个部分。第一部分为基本实验，包括11个主题实验（实验1～实验11），主要是与《C语言程序设计与实践　第3版》教材的授课进度和章节相配套。每个实验都给出了实验目的和要求、实验内容、实验内容扩展等。在"实验内容"部分，针对每个实验给出了实验源代码和分析讨论，主要是为了帮助学生巩固所学知识点和加深理解，同时让基础比较薄弱的学生容易上手；而"实验内容扩展"部分，则是让大多数学生在通过前面的简单实验熟悉所学知识后，进行更深层次的探索，实验内容都有一定的难度。在11个主题实验中，在合适的地方，我们还图文并茂地讲解了Dev-C++和Visual Studio 2022中程序的编译方法，以及各种调试技巧的使用，这对提高编程能力至关重要。第二部分为综合实验，包括实验12和实验13。我们设计这两个综合实验，旨在通过项目开发全过程的全方位指导，从需求分析、算法设计到程序编写和过程调试，以项目实训的形式引导和帮助学生解决实际问题，提高学生解决具体问题的能力，并培养学生用多函数、多文件组织程序的思维习惯。

本书设计实验内容的原则是多层次、立体化，尽量照顾各个层次的学生需求，既不让基础薄弱的学生"无从下手"，也不让基础好的学生"吃不饱"。本书实验内容齐备、自成一体，对提高学生的程序设计能力很有裨益，适合不同层次的读者学习，既可作为《C语言程序设计与实践 第3版》的配套实验教材，也可以单独作为计算机类专业本科或专科层次的实验教材，同时也适合作为其他一些课程的辅助读物，如数据结构、编译器设计、操作系统、计算机图形学、嵌入式系统及其他要用C语言进行项目设计的课程。

本书的作者来自浙江工商大学和浙江理工大学承担程序设计课程教学任务的骨干教师，项目实践经验丰富，积累了不少的教学素材。本书由谢满德、刘文强、张国萍共同策划和组织。谢满德对全书进行了统稿，并编写了实验4～实验10，刘文强对全书进行了校对，并编写了实验2、实验3、实验11、实验12，张国萍对全书进行了校对和审阅，并编写了实验1和实验13。

由于作者水平有限，书中难免出现遗漏和不足之处，恳请业界同人及读者朋友提出宝贵意见和建议。

编著者

2023年5月于浙江工商大学

目 录

前言

实验 1 熟悉 C 语言上机环境 ……… 1
1.1 实验目的和要求 ……………… 1
1.2 实验内容 ……………………… 1
　　1.2.1 熟悉 Dev-C++ 的实验环境 … 1
　　1.2.2 熟悉 Dev-C++ 中有关的编辑
　　　　　和编译命令的使用方法 …… 4
　　1.2.3 开始第一个实验：三个
　　　　　数据的求和 ……………… 11
　　1.2.4 熟悉 Visual Studio 2022
　　　　　环境的使用 ……………… 14
1.3 实验内容扩展 ………………… 19
1.4 实验报告模板 ………………… 19

实验 2 数据类型和表达式 ………… 25
2.1 实验目的和要求 ……………… 25
2.2 实验内容 ……………………… 25
　　2.2.1 正确输入判断与验证 …… 25
　　2.2.2 算术运算实验 …………… 26
　　2.2.3 表达式测试 ……………… 27
2.3 实验内容扩展 ………………… 27

实验 3 分支结构程序设计 ………… 29
3.1 实验目的和要求 ……………… 29
3.2 实验内容 ……………………… 29
　　3.2.1 整数符号判断 …………… 29
　　3.2.2 应交水费计算 …………… 29
　　3.2.3 成绩等级判断和输出 …… 30
　　3.2.4 生肖计算 ………………… 31

3.3 实验内容扩展 ………………… 32

实验 4 循环结构程序设计 ………… 34
4.1 实验目的和要求 ……………… 34
4.2 实验内容 ……………………… 34
　　4.2.1 数字求解 ………………… 34
　　4.2.2 素数判断 ………………… 35
　　4.2.3 求解学生人数 …………… 36
4.3 实验内容扩展 ………………… 37
4.4 程序调试 ……………………… 38
　　4.4.1 程序错误类型 …………… 38
　　4.4.2 程序错误分析方法 ……… 40
　　4.4.3 程序调试方法 …………… 41

实验 5 数组程序设计 ……………… 55
5.1 实验目的和要求 ……………… 55
5.2 实验内容 ……………………… 55
　　5.2.1 用非排序方法整理数组 … 55
　　5.2.2 按序插入元素 …………… 57
　　5.2.3 多项式相乘 ……………… 58
5.3 实验内容扩展 ………………… 59

实验 6 函数 ………………………… 61
6.1 实验目的和要求 ……………… 61
6.2 实验内容 ……………………… 61
　　6.2.1 求整数指定位的值 ……… 61
　　6.2.2 判断素数的回文数是否为
　　　　　素数 ……………………… 61
　　6.2.3 用递归和非递归实现
　　　　　字符串倒序 ……………… 62

	6.2.4 编写测试上述函数的主函数 …………… 64	
6.3	实验内容扩展 …………… 69	
6.4	帮助的使用 …………… 69	

实验 7 指针 …………… 72

- 7.1 实验目的和要求 …………… 72
- 7.2 实验内容 …………… 72
  - 7.2.1 不同类型字符数量统计 …… 72
  - 7.2.2 字符串查找 …………… 74
  - 7.2.3 编写主函数测试上述函数 … 75
- 7.3 实验内容扩展 …………… 75

实验 8 字符串与指针 …………… 77

- 8.1 实验目的和要求 …………… 77
- 8.2 实验内容 …………… 77
  - 8.2.1 字符串左移 …………… 77
  - 8.2.2 相同字符串查找 …………… 77
  - 8.2.3 编写主函数测试上述函数 … 78
- 8.3 实验内容扩展 …………… 79

实验 9 结构体 …………… 81

- 9.1 实验目的和要求 …………… 81
- 9.2 实验内容 …………… 81
  - 9.2.1 建立单链表 …………… 81
  - 9.2.2 计算两个时刻的差 …………… 83
- 9.3 实验内容扩展 …………… 84

实验 10 文件操作 …………… 85

- 10.1 实验目的和要求 …………… 85
- 10.2 实验内容 …………… 85
  - 10.2.1 给文件加上注释 …………… 85
  - 10.2.2 将部分文件内容存成新文件 …………… 86
  - 10.2.3 输出文本文件中的前 10 条记录数据 …………… 87
- 10.3 实验内容扩展 …………… 88

实验 11 ACM 输入控制和典型算法 …………… 90

- 11.1 实验目的和要求 …………… 90
- 11.2 实验内容 …………… 90
  - 11.2.1 ACM 多组测试数据输入控制 …………… 90
  - 11.2.2 实现简单递推算法 …………… 91
  - 11.2.3 实现离散化算法 …………… 93
- 11.3 实验内容扩展 …………… 95
  - 11.3.1 0-1 背包问题 …………… 95
  - 11.3.2 最少硬币问题 …………… 96
- 11.4 ACM 平台常见错误提示解读 … 96

实验 12 综合实验 1——高阶俄罗斯方块游戏 …………… 98

- 12.1 实验目的和要求 …………… 98
- 12.2 实验内容 …………… 98
- 12.3 程序设计分析 …………… 99
- 12.4 程序数据结构设计 …………… 99
- 12.5 程序第三方库和函数设计说明 …………… 101
- 12.6 程序总体流程 …………… 103
- 12.7 具体功能实现 …………… 107
  - 12.7.1 游戏辅助操作模块 …… 107
  - 12.7.2 游戏用户操作相关模块 …………… 109
  - 12.7.3 游戏模式与难度选择 …… 111
  - 12.7.4 方块显示 …………… 113
  - 12.7.5 键盘控制 …………… 116
  - 12.7.6 方块动作控制 …………… 117
  - 12.7.7 游戏得分、消除与失败判定 …………… 119

12.7.8	排名与成绩 …………… 121		13.3.1	程序总体结构 …………… 131
12.7.9	模式拓展 ………………… 122		13.3.2	数据结构设计 …………… 132
12.8	游戏测试和效果展示 ………… 124		13.3.3	函数设计 ………………… 133
12.9	实验内容扩展 ………………… 129		13.3.4	源文件设计 ……………… 135
实验 13	综合实验 2——通讯录		13.3.5	程序执行框图 …………… 136
	管理程序 …………………… 131		13.3.6	程序部分源代码 ………… 136
13.1	实验目的和要求 ……………… 131		13.4	程序运行和测试 ……………… 142
13.2	实验内容 ……………………… 131		13.5	分析与讨论 …………………… 143
13.3	程序实现 ……………………… 131		13.6	实验内容扩展 ………………… 146

实验 1　熟悉 C 语言上机环境

1.1　实验目的和要求

1）熟悉 C 语言的运行环境，了解和使用 Dev-C++ 集成开发环境。

2）熟悉 Dev-C++ 环境的基本命令和功能键。

3）熟悉常用的功能菜单命令。

4）熟悉 Visual Studio 2022 集成开发环境。

5）掌握 C 语言程序的书写格式和 C 语言程序的结构。

6）掌握 C 语言上机步骤，了解运行一个 C 程序的方法。

7）完成实验报告。

1.2　实验内容

1.2.1　熟悉 Dev-C++ 的实验环境

Dev-C++（又叫作 Dev-Cpp）是 Windows 环境下的一个轻量级 C/C++ 集成开发环境（IDE）。它是一款自由软件，遵守 GPL 许可协议分发源代码。它集合了功能强大的源码编辑器、MingW64/TDM-GCC 编译器、GDB 调试器和 AStyle 格式整理器等众多自由软件，既适合 C/C++ 语言初学者使用，又适合非商业级普通开发者使用。

Dev-C++ 具有以下优点：

- 它集成了 AStyle 源代码格式整理器，只要单击菜单"AStyle"下的"格式化当前文件"，就可以把当前窗口中的源代码按一定的风格迅速整理好排版格式。在当前的 Banzhusoft Dev-C++ v5.15 中，默认在保存文件时就自动对当前源代码文件进行格式化整理。
- 它提供了一些常用的源代码片段，只要单击"插入"按钮就可以选择性地插入常用源代码片段。
- 支持单文件开发和多文件项目开发。可以针对单文件（无须建立项目）进行编译或调试。
- 在 Banzhusoft Dev-C++ v5.15 中，编译出错信息能自动翻译为中文显示，有助于初学者解决编译中遇到的问题。

Dev-C++ 的缺点是它并没有完善的可视化开发功能，所以不适用于开发图形化界面的软件。本书主要使用 Dev-C++ 5.11 版本。

集成开发环境（Integrated Development Environment，IDE）是一个将程序开发中的源程序编辑器、源程序编译器、调试工具和其他建立应用程序的工具集成在一起的用于开发应用程序的软件系统。Dev-C++ 就是一个集成开发环境，它集成了各种开发工具和 Dev-C++ 编译器。程序员可以在不离开该 Dev-C++ 环境的情况下编辑、编译、调试和运行一个应用程序，当然也可以将这些步骤分开用命令来完成，但是采用这种集成方式能极大地提高程序开发人员的效率。IDE 中还提供大量的在线帮助信息协助程序员做好开发工作。

在一个集成开发环境中开发项目非常容易，其主要步骤为：

1）根据项目需求，厘清程序开发思路。

2）利用编辑器建立程序代码文件，包括头文件、代码文件、资源文件等。

3）启动编译程序，对程序进行编译。

编译程序首先调用预处理程序中的预处理命令（如 #include、#define 等），经过预处理程序处理的代码将作为编译程序的输入。编译器对用户程序进行词法和语法分析，建立目标文件，目标文件中包括机器代码、连接指令、外部引用以及从该源文件中产生的函数和数据名。此后，连接程序将所有的目标代码和用到的静态链接库的代码连接起来，为所有的外部变量和函数找到其提供地点，最后产生一个可执行文件。一般有一个 makefile 文件来协调各个部分产生可执行文件。在集成开发环境中，这些看似复杂的过程，程序员其实只需要单击一个按钮，系统就会自动完成这些工作。当然，如果在编译阶段计算机发现了一些错误，比如语法错误、连接错误，则编译失败，不能产生可执行文件，此时需要修改源程序，然后再执行编译操作，如此反复，直到生成可执行文件。

4）调试程序。如果程序输出结果与预期结果不相同，则程序存在逻辑错误，需要用调试工具对程序进行排错，定位错误并修改程序。可能需要不断反复执行步骤 3 和步骤 4，直到输出结果满足要求。

可执行文件分为两种版本：Debug 和 Release。Debug 版本用于程序的开发过程，该版本产生的可执行程序带有大量的调试信息，可以供调试程序使用；而 Release 版本作为最终的发行版本，一般没有调试信息，并且带有某种形式的优化。读者在上机实践过程中可以采用 Debug 版本，这样便于调试。选择产生 Debug 版本还是 Release 版本的方法是：在菜单中选择工具一栏，选择其中的编译选项，在弹出的"编译器选项"窗口中的"设定编译器配置"一栏中选择需要的版本。

Dev-C++ 集成开发环境中集成了编辑器、编译器、连接器以及调试程序，覆盖了开发应用程序的整个过程，程序员不需要脱离这个开发环境就可以开发出完整的应用程序，因此熟悉 Dev-C++ 集成开发环境是进行实验和程序开发的基础。

实验步骤

1）启动 Dev-C++，看看初始化界面，如图 1-1 所示。

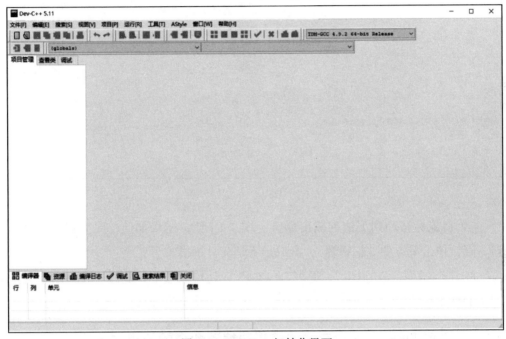

图 1-1　Dev-C++ 初始化界面

2）查看各菜单项，看看都有哪些子菜单。

3）将鼠标放置于各工具条的图标上，了解系统有哪些命令。

4）在中间编辑框任意处单击鼠标右键，弹出式菜单上单击"工具条"，将显示所有可用工具，选择其中没有对号（√）的项，看看有什么效果，再选择有对号的项，看看有什么效果。可以通过该方法对 Dev-C++ 的显示界面进行定制，图 1-2 是部分选择了对号项后的 Dev-C++ 定制界面图。

5）将鼠标移动到任意工具条上，将鼠标放到图标前的竖条上，按下鼠标左键不放，移动鼠标到屏幕中间，有什么现象发生？再将它拖回到原来位置，有什么现象发生？

6）同样在屏幕上任意处单击鼠标右键，单击"浮动项目管理"和"浮动报告窗口"，会发生什么？再次单击会发生什么，单击叉号又会发生什么？

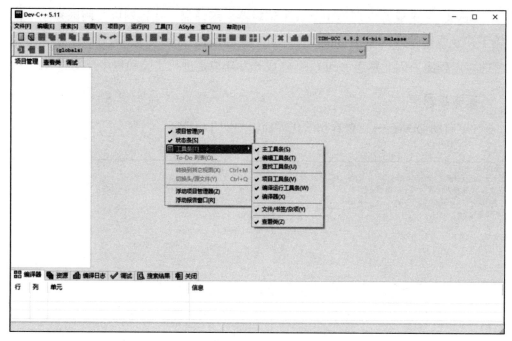

图 1-2　Dev-C++ 定制界面

7）将鼠标移动到下边的输出窗口，按"关闭"，结果如何？要重新显示该窗口，直接单击下方的"编译器"，窗口是不是又显示出来了？

8）选"文件"|"退出"，退出 Dev-C++；还可以按下快捷键"Alt+F4"直接退出 Dev-C++。

1.2.2　熟悉 Dev-C++ 中有关的编辑和编译命令的使用方法

"控制台应用程序"是一个在 DOS 窗口中运行的基于字符的程序，初学 C 语言的读者基本都可以选择这类应用，以抛开其他 Windows 编程的概念，集中精力学习使用 C 语言编程。我们以完成一个输出"Hello world！"的程序为例进行实验。

实验步骤

1）建立一个单独的目录，以存放实验代码，比如我们在 D 盘根目录下建立一个 lab 目录。这个步骤虽然不是必需的，但是建议读者都建立自己专门的目录，以保证代码目录结构的清晰性，同时也有利于代码的维护和管理。

2）创建一个项目（project），项目将代表应用，存放该应用的所有信息，包括源文件（.c 或 .cpp 结尾的文件）、资源文件、编译连接设置等。创建一个项目的步骤如下：

①启动 Dev-C++。

②从主菜单中选择"文件"|"新建"|"项目",将显示出"新项目"对话框,如图 1-3 所示。

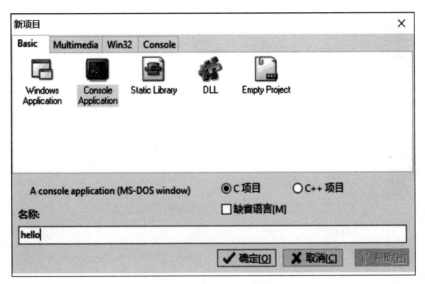

图 1-3 "新项目"对话框

③选择 Basic 标签,并从列表中单击 Console Application。

④选择 C 项目,使用 C 语言的编译环境。

⑤在对话框左下角的"名称"编辑框内输入项目的名称,项目名称可以任取,只要满足文件夹的命名规范即可,本实验中将其命名为"hello",这里的项目名称虽然也支持中文,但是建议用英文表示,而且最好有确切的含义,以反映项目的作用或意义。

⑥单击"确定"按钮继续。

⑦这个时候会弹出"另存为"窗口,如图 1-4 所示。选择存储位置,单击"保存"按钮。

⑧窗口自动出现源文件,并已经在上面写好了主函数,如图 1-5 所示。

同时系统会自动在目录 D:\lab\hello 下生成一系列的文件和目录,如图 1-6 所示。如果要再次打开工程,只要双击 .dev 文件即可,或通过"文件"|"打开项目或文件"菜单,选定相应的工程文件。

3)编辑 C 语言源程序。用下面的方法在创建的项目中添加一个文件:

①在主菜单上选择"文件"|"新建"。

②在菜单中单击"源代码",如图 1-7 所示。

图 1-4 "另存为"窗口

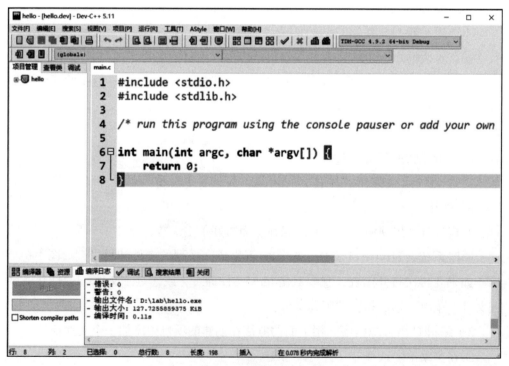

图 1-5 源文件界面

图 1-6　D:\lab\hello 目录下自动生成的文件和目录

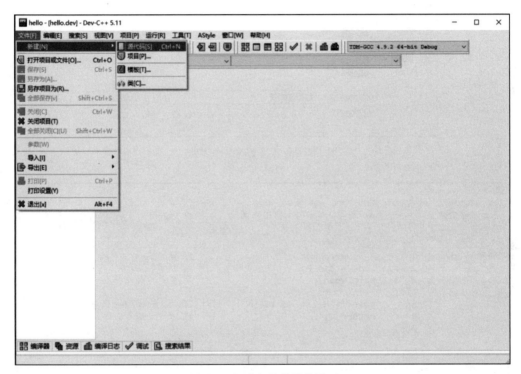

图 1-7　新建文件的操作界面

③新建源文件成功，按下 F11 或者单击"编译运行"图标，弹出存储界面可为源文件取名，如图 1-8 所示。

④新的空白文件将自动打开，显示在文档显示区。在文件中输入以下内容，结果如图 1-9 所示。

```
/* 显示 "Hello World!" */      /* 注释文本 */
#include<stdio.h>              /* 编译预处理 */
int main(void)                 /* 定义主函数 main(void) */
{
    printf("Hello World!\n");  /* 调用 printf() 函数输出文字 */
    return 0;                  /* 返回一个整数 0 */
}
```

图 1-8　命名源文件操作界面

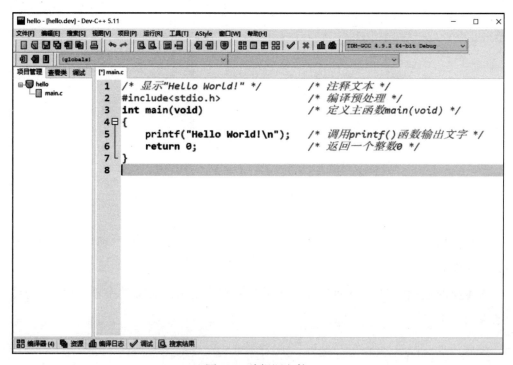

图 1-9　编辑源文件

虽然许多编辑命令可以通过菜单和工具栏实现，但大量的编辑命令都可以通过键盘实现。下面列出一些常用编辑命令快捷键：

❑ Ctrl+Z：撤销前一次操作。

- Ctrl+Y：重复前一次操作。
- Ctrl+L：剪切一行，并将它放到剪切板中。
- Ctrl+X：将选中的文本删除并将它放到剪切板中。
- Ctrl+C：将选中的文本复制到剪切板中。
- Ctrl+V：粘贴。将剪切板中的内容放到编辑器中文本的当前位置处（由光标指示）。

要想了解关于键盘操作命令的完整列表，可以选择"工具"|"快捷键选项"。没有必要记住所有的命令，有些根本不常用。

4）保存输入的源文件。单击工具栏中的 图标，或者选择"文件"|"保存"来保存文件。C++源文件的扩展名为 .cpp。扩展名非常重要，Dev-C++ 根据文件的扩展名来区分文件类型，并且根据文件类型提供相应的编辑帮助（如正确的语法高亮显示等）。

5）编译、连接，产生可执行程序。编辑结束后，仔细检查输入的内容，看看有无错误。确认没有错误之后，选择主菜单的"编译"来编译项目（也可以按功能键 F9 或单击工具栏上的 按钮）。如果输入的内容没有错误，将显示如图 1-10 所示的结果。如果在编译时得到错误或警告，表示源文件出现错误，须再次检查源文件。

图 1-10 编译

6）运行程序。

可以用三种方式运行程序：

①在开发环境中运行程序。选择"运行"hello.exe（也可以按功能键F10，或者单击工具栏上的■按钮），在开发环境中运行程序。程序运行以后将显示一个类似于DOS的窗口，在窗口中输出一行"Hello World！"，紧接着在后面显示"请按任意键继续"，这句话是系统提示按任意键退出当前运行的程序，回到开发环境中。按任意键，窗口关闭，退回到Dev-C++开发环境。实验中将用这种方式运行程序。运行结果如图1-11所示。

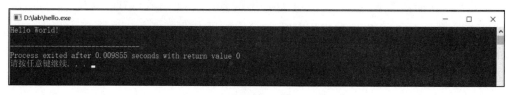

图1-11 程序运行结果界面

②在DOS环境下运行程序。依次单击"开始"→"运行"，输入cmd后按回车键，将打开一个DOS窗口，改变工作路径到项目目录，该目录是在创建目录时指定的。如果记不清楚了，可以在Dev-C++中的工作区窗口中选择项目名称（这里是"hello files"），然后选择菜单视图|属性便可以显示出项目路径。运行hello.exe，程序将输出：hello world。操作方法和结果如图1-12所示。

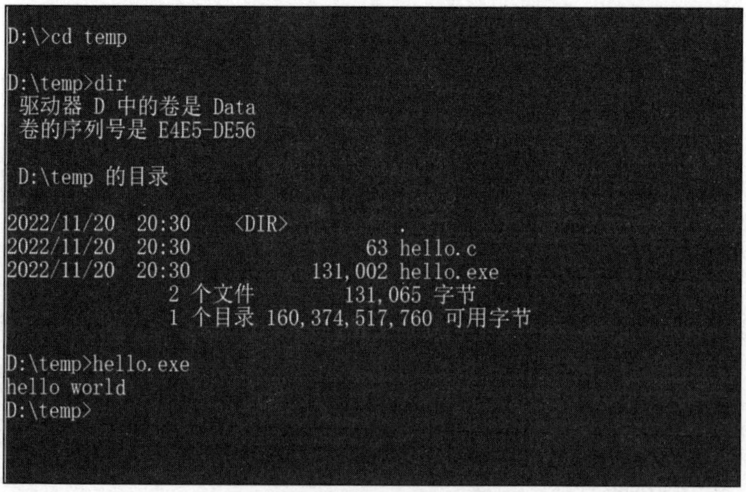

图1-12 通过命令行运行程序

③在Windows环境下运行程序。打开Windows的资源管理器，找到程序所在的目录，运行它。看到的结果是怎样的？是不是跟前面看到的结果一样？

7）关闭工作区。

如果步骤 6 中的程序运行正确，表示该实验任务已经完成。有两种方法可以进行下一个新的实验。

①选择"文件"菜单，弹出如图 1-13 所示的对话框，选择"全部关闭"，则关闭所有的窗口。开始新的实验只要按照上述步骤依次操作即可。

图 1-13　关闭工作区

②如果是简单的实验，则只需要将上次的实验代码注释掉，重新写新的代码即可。这样，如果后面还想对上次的实验代码进行修改，则只需要将注释去掉即可，操作如图 1-14 所示。

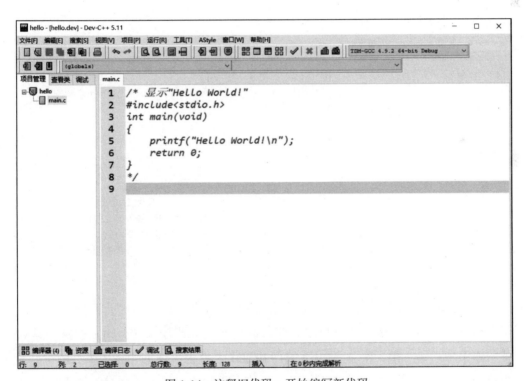

图 1-14　注释旧代码，开始编写新代码

1.2.3　开始第一个实验：三个数据的求和

实验步骤

1）Dev-C++ 支持直接建立源文件，如图 1-15 所示，直接建立的为 .cpp 文件。

2）编译命名"sum"并选择保存的位置。

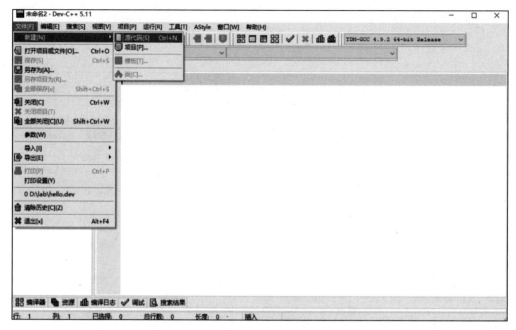

图 1-15　直接建立源文件

3）在文件中输入以下内容。

```
/* 完成 3 个数据的输入、求和并输出计算结果的程序 */
#include<stdio.h>                          /* 编译预处理 */
int main(void)
{
    float a,b,c;                           /* 定义变量a、b、c */
    printf("Please input a,b and c:");     /* 提示输入变量的值 */
    scanf("%f%f%f",&a,&b,&c);              /* 读取变量的值 */
    printf("%.2f\n",a+b+c);                /* 输出运算结果 */
    return 0;
}
```

4）编译、连接并运行程序。按功能键 F11，或者单击工具栏上的 ▇ 按钮，系统自动进行编译、连接并运行程序。如图 1-16 所示，程序编译有错，开发环境下方的输出窗口（"编译器"）显示了编译和连接过程中出现的错误（在本例中有 9 个错误，1 个警告），提示的错误信息包括错误出现的文件名、行号、错误代码以及错误提示。如果错误比较多，则可以通过拖动"编译器"窗口改变其大小，并通过"编译器"右边的滚动条来调整所显示的错误。在"编译器"窗口，双击某错误或者选择该错误再按回车键，系统将自动将光标移动到发生错误的源程序行，且错误行红色显示，然后就可以改正错误，如图 1-17 所示。也可以通过直接按功能键 F4，定位到第一条错误，通过不断地按功能键 F4 可以循环地选择并定位下一个错误。对于每条错误，在"编译器"窗口都会有相应的错误提示。程序修改完成后，再次编译，不断重复上述过程，直到"编译器"窗口提示"–错误：0 – 警告：0"，表示程序已经没有语法和连接错误，可以运行。

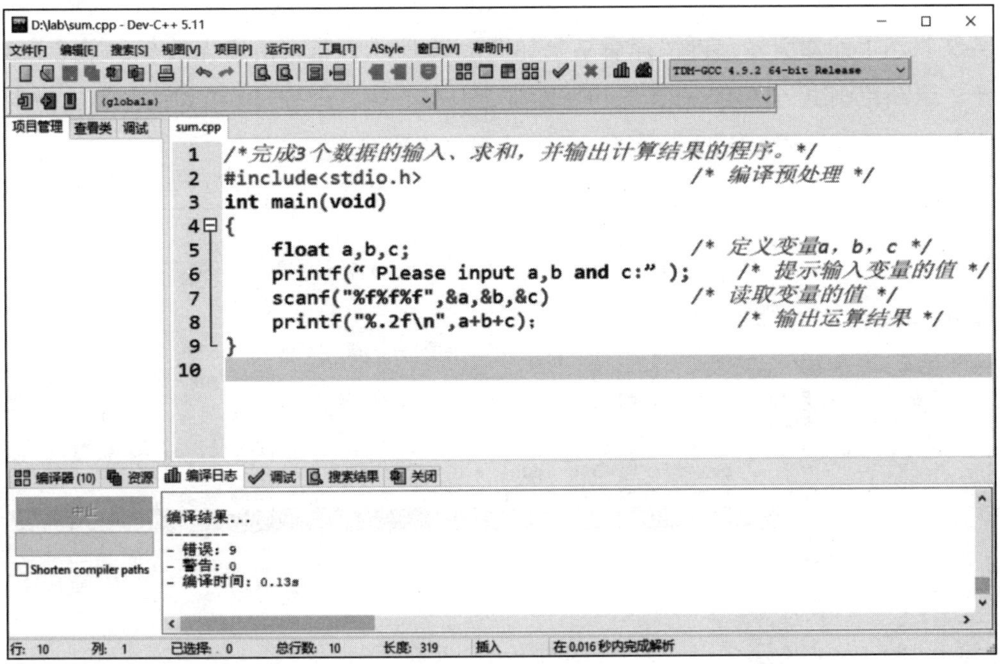

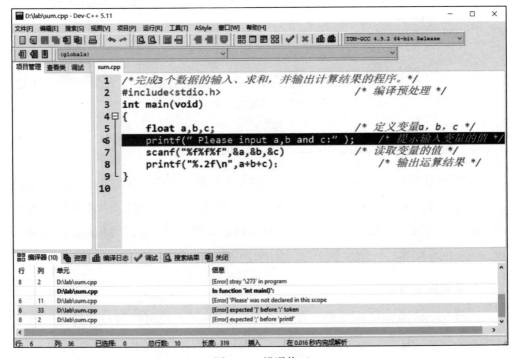

图 1-16　出错信息

图 1-17　错误修正

按照上面的方法，通过双击鼠标或按功能键 F4，发现前面的 9 条错误提示，全部定位在 printf 这条语句。仔细检查后发现 printf 括号中的双引号异常，通过比对发现错在上述程序代码中的双引号，其为中文状态下输入的双引号，将其改成英文状态下的双引号，再编译后结果如图 1-18 所示，错误由原先的 9 个变成了 3 个。依葫芦画瓢，发现 scanf 语句后面少了分号，第 2 个 printf 语句的分号也为中文状态下输入，依次修改，编译后就能获得正确答案。

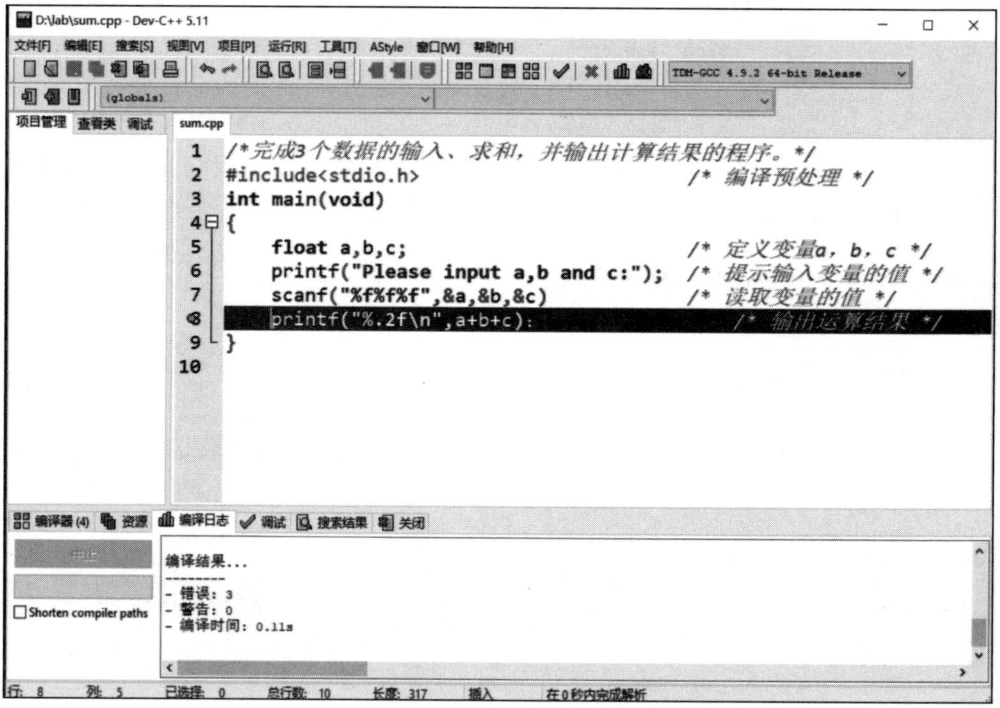

图 1-18　错误减少

1.2.4　熟悉 Visual Studio 2022 环境的使用

常用的编译器除了 Dev-C++ 外，还有 VS 系列，下面简单介绍 Visual Studio 2022（简称 VS2022）的使用方法。注意，在 Visual Studio 2022 中并不支持纯 C 语言的编译环境，一般在 C++ 的环境中编译 C 程序。可直接在 Microsoft 官网下载 community 版本，该版本供学习者免费使用。

1. 新建控制台文件

打开 Visual Studio 2022 后，单击"创建新项目"，也可以通过"打开项目或解决方案"或"打开本地文件夹"打开已经创建好的文件，如图 1-19 所示。

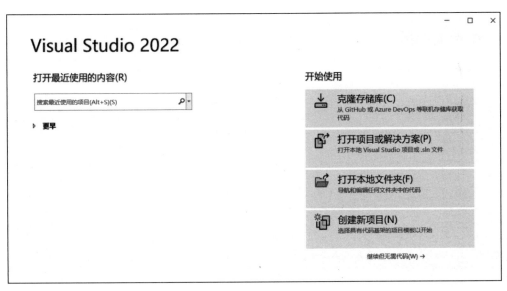

图 1-19 新建文件页面

选择语言 C++，单击控制台空项目，如图 1-20 所示。填写好项目名称和项目存储位置，单击"创建"即创建成功，如图 1-21 所示。

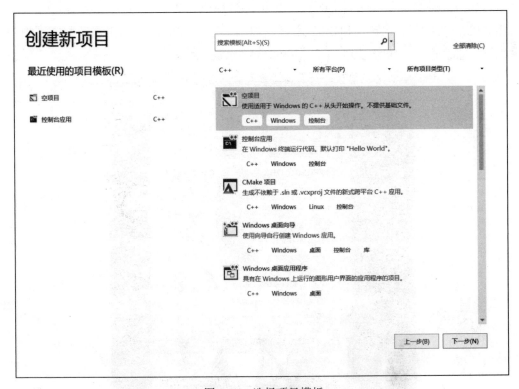

图 1-20 选择项目模板

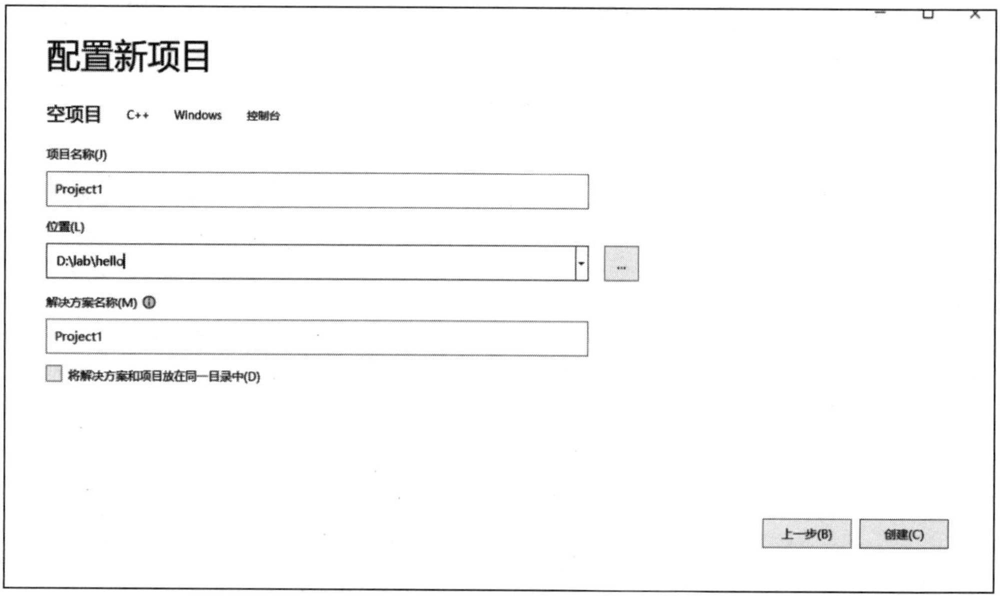

![配置新项目界面截图]

图 1-21 命名并创建项目

2. 配置 C++ 运行环境

在第一次使用的时候需要配置 C++ 的运行环境，使一些 C++ 的头文件可以使用。单击"工具"|"导入和导出设置"，如图 1-22 所示，然后单击重新配置环境，选择 Visual C++，如图 1-23 所示。

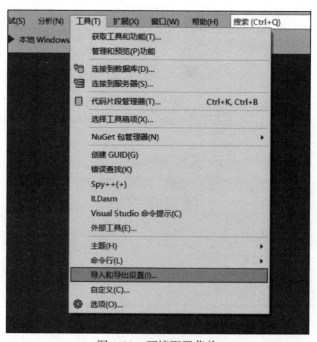

图 1-22 环境配置菜单

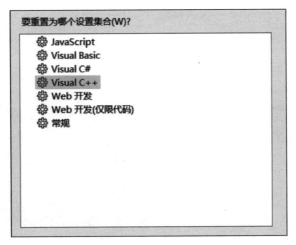

图 1-23　配置 Visual C++ 编译环境

配置好的界面如图 1-24 所示，左侧出现了和 Dev-C++ 一样的项目管理器。

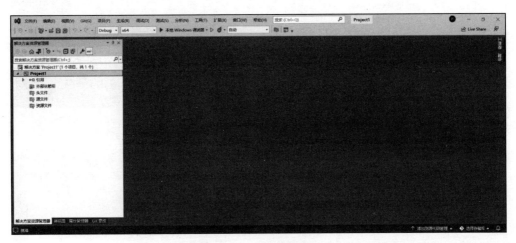

图 1-24　C++ 编译环境

接着，如图 1-25 所示，单击"源文件"|"添加"|"新建项"，选择 C++ 文件。

之后出现"源 .cpp"文件，在此文件上可以像在 Dev-C++ 中一样编写代码，如图 1-26 所示。同样，我们使用 VS 在显示器上输出"hello world"字样。在"源 .cpp"中添加如下代码：

```
#include<stdio.h>
int main()
{
    printf("hello world");
    return 0;
}
```

单击"▷"按钮或者"▶ 本地 Windows 调试器"按钮，出现黑框，成功显示"hello world"。

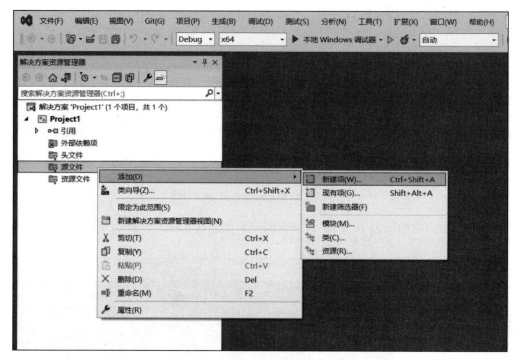

图 1-25　新建 C++ 文件

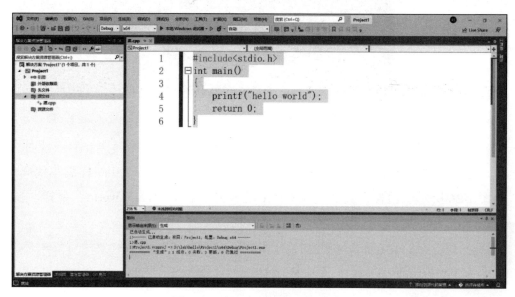

图 1-26　在 C++ 文件内添加代码

分析与讨论：

1）C 语言源程序中所有的标点符号必须在英文状态下输入，如果是在中文状态下输入，编译时会报错。

2）在"编译器"窗口中，有时一个错误可能会导致很多条错误提示，甚至会出现错误提示不准的情况，虽然"编译器"窗口中的错误提示对修改错误非常有帮助，但是不能完全依赖它。

3）所有的 C 语言语句必须以分号结束。

1.3 实验内容扩展

1）如何在屏幕上显示下列图形？

```
    B
   B B
    B
```

2）如何在屏幕上显示下列图形？

```
   A
  BBB
 CCCCC
```

1.4 实验报告模板

每个实验完成后都需要提交实验报告，实验报告应该包括实验信息、实验目的、实验内容和要求、算法描述（如果有）、关键源代码和说明、测试数据、运行结果、问题及解决方法、实验总结。下面给出一个实验报告模板。

C 语言程序设计实验报告

实验名称	控制语句程序设计		
学院	信息与电子工程学院	班级	物联网 2201
姓名	***	学号	1012800109
任课教师	***	实验时间	2022 年 9 月 19 日

1. 实验目的和要求

1）熟练掌握利用 if 语句实现分支选择结构的程序设计方法。

2）熟练掌握 for 语句格式及使用方法。

3）掌握简单、常用的算法，并在编程过程中体验各种算法的编程技巧。进一步学习调试程序，掌握语法错误和逻辑错误的检查方法。

4）掌握 C 函数的定义方法、函数的调用方法、参数说明以及返回值，掌握实参与形参的对应关系以及参数之间的"值传递"的方式。

5）在编程过程中加深函数调用的设计思想。

2. 实验内容

输入一个数值，计算并输出该数值内最大的 10 个素数以及它们的和。

要求：

1）在程序内部加必要的注释。

2）要对该数以内不够 10 个素数的情况进行处理。

3）输出的形式为：素数 1+ 素数 2+…+ 素数 10= 总和值。

3. 算法描述

主函数的流程图如图 1-27 所示，判断素数的函数的流程图如图 1-28 所示。

4. 关键源代码和说明

```
#include <stdio.h>
int a(int n)                           /* 设计一个求素数的函数 */
{
    int i;
    for(i=2;i<=n/2;i++)
        if(n%i==0)
            return 0;                  /* 不是素数则返回 0*/
    return 1;                          /* 是素数则返回 1*/
}
int main()
{
    int i=1,n,sum=0,k;
    printf("Input a number:");
    scanf("%d",&k);                    /* 输入一个整数 */
    for(n=k;n>1;n-=1)
    {
        if(a(n))                       /* 调用a(int n)函数，判断是否为素数 */
        {
            if(i==1)
                printf("%d",n);
            else
                printf("+%d",n);       /* 是素数以和的形式输出 */
            sum+=n;                    /* 是素数则求和 */
            i++;
        }
        if(i==11) break;               /* 当 i>10 时就退出循环 */
    }
    printf("=%d\n",sum);
```

```
    if(i<=10)
        printf("not shuchu.\n");      /* 当 i<10 时，程序结束 */
    return 0;
}
```

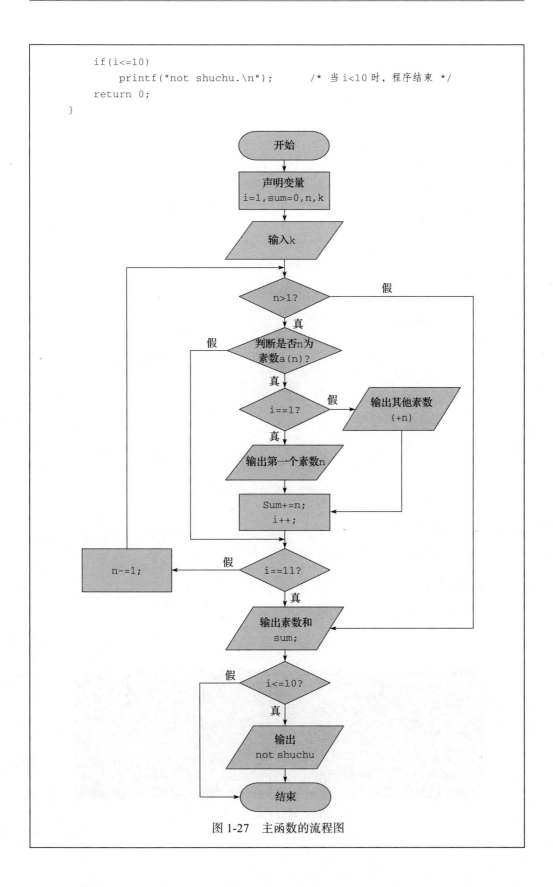

图 1-27　主函数的流程图

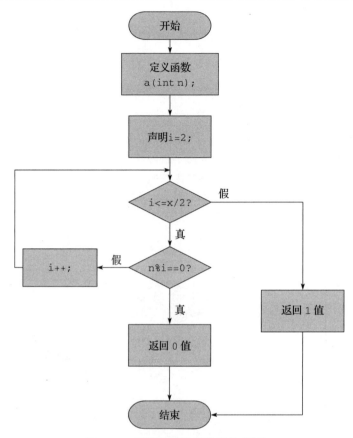

图 1-28 判断素数的函数的流程图

5. 测试数据

测试数据为 25、250、2500。

6. 运行结果

当测试数据为 25 时,运行结果如图 1-29 所示。

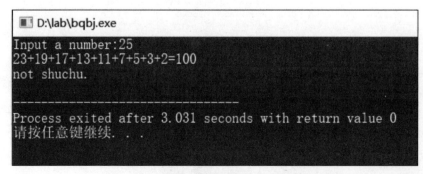

图 1-29 当测试数据为 25 时的运行结果

当测试数据为 250 时，运行结果如图 1-30 所示。

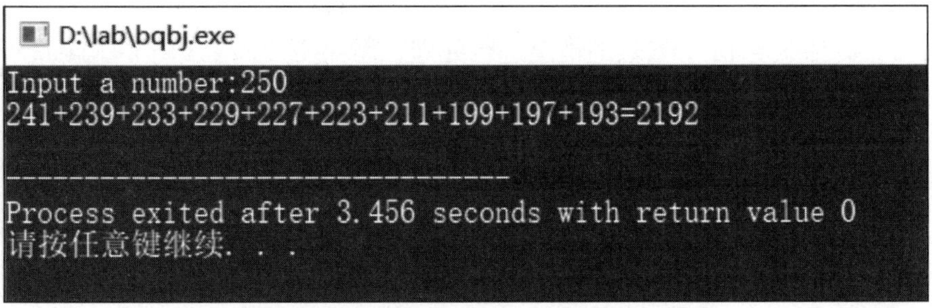

```
■ D:\lab\bqbj.exe
Input a number:250
241+239+233+229+227+223+211+199+197+193=2192
--------------------------------
Process exited after 3.456 seconds with return value 0
请按任意键继续. . .
```

图 1-30　当测试数据为 250 时的运行结果

当测试数据为 2500 时，运行结果如图 1-31 所示。

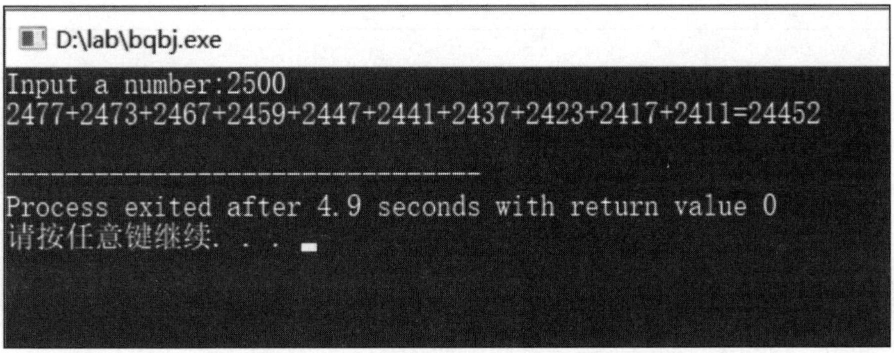

```
■ D:\lab\bqbj.exe
Input a number:2500
2477+2473+2467+2459+2447+2441+2437+2423+2417+2411=24452
--------------------------------
Process exited after 4.9 seconds with return value 0
请按任意键继续. . .
```

图 1-31　当测试数据为 2500 时的运行结果

7. 问题及解决方法

1）在本实验中，需按要求的格式输出"素数 1+ 素数 2+…+ 素数 10= 总和值"，因此采用循环

```c
for(n=k;n>1;n-=1)
{
    if(a(n))
    {
        if(i==1)
            printf("%d",n);
        else
            printf("+%d",n);
        sum+=n;
        i++;
    }
    if(i==11) break;
}
```

```
        printf("=%d\n",sum);
```
从而使输出结果符合题目要求。

2）要对不足 10 个素数的情况进行处理，因而要加入"`if(i<=10) printf("not shuchu.\n");`"语句。

8. 实验总结

通过该实验，我对分支（if…,if…else…,if…else if…）和循环结构（for…,while…,do…while）的几种用法更加熟练，并掌握了函数的定义与调用、参数说明以及返回值的使用。通过函数设计的引入，初步体会了运用函数进行程序功能划分和组织的基本思想，并对 C 程序设计有了更加深刻的认识。

实验 2　数据类型和表达式

2.1　实验目的和要求

1）了解 C 语言中数据类型的意义。
2）理解常用运算符的意义。
3）掌握 C 语言表达式的运算规则。
4）编写实验报告。

2.2　实验内容

2.2.1　正确输入判断与验证

计算由键盘输入的任意两个双精度数据的平均值。根据实验要求，写出了如下四种程序。

1. 程序 1

```
#include <stdio.h>
int main()
{
    double x,y,a;
    scanf("%x,%y",&x,&y);
    a=(x+y)/2;
    printf("The average is :"a);
    return 0;
}
```

2. 程序 2

```
#include <stdio.h>
int main()
{
    double x,y,a;
    scanf("%f,%f",x, y);
    a=(x+y)/2;
    printf("The average is :"a);
    return 0;
}
```

3. 程序 3

```
#include <stdio.h>
int main()
{
    double x,y,a;
    scanf("%lf,%lf",x, y);
    a=(x+y)/2;
    printf("The average is :%lf", a);
    return 0;
}
```

4. 程序 4

```
#include <stdio.h>
int main()
{
    double x,y,a;
    scanf("%lf,%lf", &x, &y);
    a=(x+y)/2;
    printf("The average is :%f", a);
    return 0;
}
```

请上机判断上面哪个程序正确，输入数据时，"12.56 45.89"和"12.56，45.89"哪种方式能正确输入数据。

2.2.2 算术运算实验

写一个输入 7 个数据的程序，把输入的数据代入 a+b*(c-d)/e*f-g 表达式进行运算。

```
#include<stdio.h>
int main()
{
    float a,b,c,d,e,f,g;                          /* 定义变量 */
    printf("Please input a,b,c,d,e,f and g:");    /* 提示输入变量的值 */
    scanf("%f%f%f%f%f%f%f",&a,&b,&c,&d,&e,&f,&g); /* 读取变量的值 */
    printf("%.2f\n",a+b*(c-d)/e*f-g);             /* 输出表达式的值 */
    return 0;
}
```

分析与讨论：

1）如果将上面的数据都定义成整型，程序应该怎么修改，程序运行结果与预期的会有什么不一样？另外，如果测试数据足够大，比如输入数据大于 2^{31}，结果会怎样？如果结果出错，应该怎样改正？

2）通过操作符 sizeof 测试一个数据或类型所占用的存储空间的字节数，以指导数据类型的选择。

2.2.3 表达式测试

编写一个C语言程序，测试下列各表达式。

```
i,j
i++,++j
(i = 0) && (j = 2)
(i = 5) || (j = 100)
++j+1
#include<stdio.h>
int main()
{
    int i, j;
    i = 1; j = 2;
    printf("i=%d,j=%d\n", i, j);
    printf("i++=%d,++j=%d\n", i++, ++j);
    (i = 0) && (j = 2);
    printf("i=%d,j=%d\n", i, j);
    (i = 5) || (j = 100);
    printf("i=%d,j=%d\n", i, j);
    printf("++j+1=%d\n", ++j + 1);
    return 0;
}
```

分析与讨论：

1）理解 +、++、++i 和 i++ 的意义和优先级别。

2）理解运算符的优先级和结合顺序。

3）执行完第三个表达式 (i = 0) 后，0值赋给了 i，此时表达式的值也是0，那么逻辑与后面的第二个表达式就不会执行。理解C语言中一种特殊的求值方式——短路求值。

4）从键盘输入表达式时注意运算符号的输入，注意与数学表达式的区别，观察如果表达式输入错误，系统将给出何种提示。

2.3 实验内容扩展

1）输入存款金额 money、存期 year 和年利率 rate，根据下列公式计算存款到期时的利息 interest（税前），输出时保留2位小数。

$$\text{interest}=\text{money}(1+\text{rate})^{\text{year}}-\text{money}$$

2）输入华氏温度，输出对应的摄氏温度。计算公式如下：

$$c=\frac{5*(f-32)}{9}$$

其中，c 表示摄氏温度，f 表示华氏温度。

实验 3　分支结构程序设计

3.1　实验目的和要求

1）了解和掌握分支语句的使用方法，包括 if 语句的各种形式以及 switch 语句。

2）编写实验报告。

3.2　实验内容

3.2.1　整数符号判断

编写一个程序，完成输入一个整数，输出它的符号。

```
#include <stdio.h>
int main()
{
    int n;
    printf("Enter n:");
    scanf("%d",&n);
    if(n>0)                                    /* 判断 n 的值是否大于 0 */
        printf("+\n");                         /* 如果 n 大于 0，输出 + */
    else if(n<0)                               /* 判断 n 的值是否小于 0 */
        printf("-\n");                         /* 如果 n 小于 0，输出 - */
    else
        printf("this number has no sign\n");   /* 如果 n 等于 0，输出相应字符串 */
        return 0;
}
```

分析与讨论：

请换一种 if…else…的嵌套形式完成该任务。

3.2.2　应交水费计算

居民应交水费 y（元）与月用水量 x（吨）的函数关系式如下，请编程计算居民应交水费，并提供各种测试数据。

$$y=f(x)=\begin{cases} 0 & x<0 \\ \dfrac{4x}{3} & 0 \leq x \leq 15 \\ 2.5x-10.5 & x>15 \end{cases}$$

```
#include <stdio.h>
int main(void)
{
    double x, y;                    /* 定义2个双精度浮点型变量 */
    printf("Enter x:");             /* 输入提示 */
    scanf("%lf", &x);               /* 输入 double 型数据用 %lf */
    if (x < 0){
        y = 0;                      /* 满足 x＜0 */
    }
    else if (x <= 15){
        y = 4 x / 3;                /* 不满足 x＜0，但满足 x≤15，即满足 0≤x≤15 */
    }
    else{
        y = 2.5 x - 10.5;           /* 既不满足 x＜0，也不满足 x≤15，即满足 x>15 */
    }
    printf("f(%.2f) = %.2f\n", x, y);
    return 0;
}
```

分析与讨论：

1）请换一种 if…else…的嵌套形式完成该任务。

2）请找出上述程序的错误，并改正。

3）测试数据的选择。用哪些测试数据才可以把起始到终止的各条路径都覆盖一次？如果为了测试出程序在不同路径下的错误，应该怎样选择测试数据？

4）if、else 后只能有一条语句，如果有多条语句，用 { } 组成复合语句。

5）if、else 配对原则：缺省 { } 时，else 总是和它上面离它最近的未配对的 if 配对。

3.2.3　成绩等级判断和输出

请根据输入的学生成绩给出成绩等级的判断。判断规则如下：

如果输入的成绩大于或等于 90，则输出优秀；

如果输入的成绩小于 90 且大于或等于 80，则输出良好；

如果输入的成绩小于 80 且大于或等于 70，则输出中等；

如果输入的成绩小于 70 且大于或等于 60，则输出及格；

其他输出不及格。

```
#include <stdio.h>
int main(void)
{
    int iScore;
    int iGrade;
```

```
    printf("Please input the score\n");
    scanf("%d", &iScore);
    iGrade = iScore / 10;
    switch(iGrade) {
    case 9:
        printf(" 优秀 \n");
        break;
    case 8:
        printf(" 良好 \n");
        break;
    case 7:
        printf(" 中等 \n");
        break;
    case 6:
        printf(" 及格 \n");
        break;
    default:
        printf(" 不及格 \n");
        break;
    }
    return 0;
}
```

分析与讨论：

1）如果用 if…else…的嵌套形式该如何实现程序？试比较这两种方法哪个代码更紧凑。

2）如果输入的成绩允许带小数，在进行等级评定的时候，对小数的处理规则约定为四舍五入，请实现该程序。

3.2.4 生肖计算

在中国传统文化中，人出生年份以十二生肖与十二地支相配组成。请编写一个程序，输入为一个给定的年份，要求找出这一年对应的生肖。

```
#include<stdio.h>
int main()
{
    int year;
    scanf("%d", &year);
    int a = year % 12;
    switch (a) {
    case 1:
        printf("%d是鸡年", year);
        break;
    case 2:
        printf("%d是狗年", year);
```

```
            break;
        case 3:
            printf("%d是猪年", year);
            break;
        case 4:
            printf("%d是鼠年", year);
            break;
        case 5:
            printf("%d是牛年", year);
            break;
        case 6:
            printf("%d是虎年", year);
            break;
        case 7:
            printf("%d是兔年", year);
            break;
        case 8:
            printf("%d是龙年", year);
            break;
        case 9:
            printf("%d是蛇年", year);
            break;
        case 10:
            printf("%d是马年", year);
            break;
        case 11:
            printf("%d是羊年", year);
            break;
        case 0:
            printf("%d是猴年", year);
            break;
    }
    return 0;
}
```

分析与讨论：

如果将"`case 2: printf("%d是狗年", year); break;`"语句中的"`break;`"删去，会对程序有什么影响？

3.3 实验内容扩展

1）输入两个时间，表示火车的出发时间和到达时间，计算并输出旅途时间。不需要考虑出发时间晚于到达时间的情况。输入时间的格式规定为"时：分：秒"（时间采用24小时制），输出也要求采用类似的格式。

比如输入的两个时间分别为：`4:12:23, 5:11:21`

则输出为：`0:58:58`

2）运输公司对用户计算运费。路程（s）越远，每千米运费越低。标准如下：

$s < 250\text{km}$	没有折扣
$250\text{km} \leqslant s < 500\text{km}$	2% 折扣
$500\text{km} \leqslant s < 1000\text{km}$	5% 折扣
$1000\text{km} \leqslant s < 2000\text{km}$	8% 折扣
$2000\text{km} \leqslant s < 3000\text{km}$	10% 折扣
$3000\text{km} \leqslant s$	15% 折扣

设每千米每吨货物的基本运费为 p，货物重为 w，距离为 s，折扣为 d，则总运费的计算公式为：

$$f = p \times w \times s (1 - d)$$

请编程实现，从键盘输入基本运费 p，货物重 w，距离 s，并计算输出用户最终需要支付的运费。

实验 4　循环结构程序设计

4.1　实验目的和要求

1）使用循环语句完成累乘、图形输出的程序编写。
2）掌握较复杂结构程序的编写。
3）掌握程序调试的方法。
4）编写实验报告。

4.2　实验内容

4.2.1　数字求解

已知 xyz+yzz=532，其中 x、y、z 都是数字（0～9），编写一个程序求出 x、y、z 分别代表什么数字。

```
#include<stdio.h>
int main()
{
    int x,y,z;
    for(x=1;x<6;x++)                /* 对 x 从 1 到 5 进行赋值 */
        for(y=0;y<4;y++)            /* 对 y 从 0 到 3 进行赋值 */
            for(z=0;z<4;z++)        /* 对 z 从 0 到 3 进行赋值 */
                if((x*100+y*10+z)+(y*100+z*10+z)==532)
                    printf("x=%d,y=%d,z=%d\n",x,y,z);
    return 0;
}
```

分析与讨论：

1）注意 xyz+yzz=532 中的 xyz 和 yzz 表示一个三位数，而不是表示 x*y*z 和 y*z*z。

2）将上述实验内容的源程序改成如下所示的程序：

```
#include<stdio.h>
int main()
{
    int x,y,z;
    for(x=1;x<10;x++)               /* 对 x 从 1 到 9 进行赋值 */
        for(y=0;y<10;y++)           /* 对 y 从 0 到 9 进行赋值 */
```

```
            for(z=0;z<10;z++)    /* 对z从0到9进行赋值 */
                if((x*100+y*10+z)+(y*100+z*10+z)==532)
                    printf("x=%d,y=%d,z=%d\n",x,y,z);
return 0;
}
```

对不对？如果对，孰优孰劣？能用二重for循环完成该程序吗？

4.2.2 素数判断

给出一个数x，判断它是否为素数，如果是则输出"isprime"，反之输出"noprime"并输出它的所有素因子。

```
#include<stdio.h>
int main()
{
    int n,k=0,i;
    scanf("%d",&n);
    for(i = 2; i <= n / i; i ++)         //判断素数
    if(n % i == 0)
    {
        k = 1;
        break;
    }
    if(!k)
    {
        printf("isprime\n");
    }
    else
    {
        printf("noprime\n");
        for(i = 2; i <= n / i; i ++)     //输出素因子
        {
            if(n % i == 0)
            {
                printf("%d ",i);
                while(n % i == 0) n /= i;
            }
        }
        if(n > 1) printf("%d",n);
    }
}
```

分析与讨论：

1）若将"while(n % i == 0) n /= i;"语句去除，会对程序的输出有什么影响？

2）循环一定要有循环终止条件和改变循环的变量。

4.2.3 求解学生人数

学校有近千名学生，在操场上排队，5 人一行余 2 人，7 人一行余 3 人，3 人一行余 1 人，编写一个程序求该校的学生人数。

```
#include<stdio.h>
int main()
{
    int n;                                    /* 定义学生人数 n */
    for(n=900;n<1100;n++)                     /* 对 n 从 900 到 1100 进行赋值 */
        if(n%5==2 && n%7==3 && n%3==1)        /* 判断 n 的值是否符合条件 */
            printf("there are %d students in the ground\n",n);
    return 0;
}
```

上述程序是否存在问题，请思考答案不在 900～1100 之间（比如 899）时，该程序还能找到答案吗？下面提供了两种修改方案。

修改 1：

```
#include<stdio.h>
int main()
{
    int n;                                    /* 定义学生人数 n */
    for(n=1;n<1100;n++)                       /* 对 n 从 1 到 1100 进行赋值 */
        if(n%5==2 && n%7==3 && n%3==1)        /* 判断 n 的值是否符合条件 */
            printf("there are %d students in the ground\n",n);
    return 0;
}
```

修改 2：

```
#include<stdio.h>
int main()
{
    int n;                                    /* 定义学生人数 n */
    for(n=1000;n>1;n--)                       /* 对 n 从 1000 到 1 进行赋值 */
        if(n%5==2 && n%7==3 && n%3==1)        /* 判断 n 的值是否符合条件 */
        {
            printf("there are %d students in the ground\n",n);
            break;
        }
    return 0;
}
```

请比较两种方法，哪种方法对，为什么？

4.3 实验内容扩展

1）工商大学信息 1002 班 A、B、C、D 四位同学中的一位做了好事不留名，表扬信来了之后，班主任问这四位是谁做的好事，四位的回答如下：

A 说：不是我。

B 说：是 C。

C 说：是 D。

D 说：他胡说。

已知三个人说的是真话，一个人说的是假话。现在要根据这些信息，找出做了好事的人。

提示：

利用关系表达式将四个人所说的话表示成图 4-1 所示。

说话人	说的话	写成关系表达式
A	"不是我"	thisman!='A'
B	"是 C"	thisman=='C'
C	"是 D"	thisman=='D'
D	"他胡说"	thisman!='D'

图 4-1 问题的关系表达式表示

然后通过枚举的方法，找出表达式值为 3（代表有三个人说了真话）的那种情况即可推断出做好事的人。

2）某地刑侦大队对涉及六个嫌疑人的一桩疑案进行分析，分析如下：

❏ A、B 至少有一人作案；

❏ A、E、F 三人中至少有两人参与作案；

❏ A、D 不可能是同案犯；

❏ B、C 或同时作案，或与本案无关；

❏ C、D 中有且仅有一人作案；

❏ 如果 D 没有参与作案，则 E 也不可能参与作案。

试编一程序，将作案人找出来。

提示：

根据题意，可以将上述情况用 C 语言描述如下：

❏ A 和 B 至少有一人作案：cc1=A||B

❏ A 和 D 不可能是同案犯：cc2=!(A&&D)

❏ A、E、F 中至少有两人涉嫌作案：cc3=(A&&E)||(A&&F)||(E&&F)

- B 和 C 或同时作案或都与本案无关：cc4=(B&&C)||(!B&&!C)
- C、D 中有且仅有一人作案：cc5=(C && !D)||(D && !C)
- 如果 D 没有参与作案，则 E 也不可能参与作案：cc6=D || (!E)

最后，通过多层循环的方式即可求解，图 4-2 给出了程序的框架描述。

```
for (A=0; A<=1; A=A+1)
  for (B=0; B<=1; B=B+1)
    for (C=0; C<=1; C=C+1)
      for (D=0; D<=1; D=D+1)
        for (E=0; E<=1; E=E+1)
          for (F=0; F<=1; F=F+1)
            CC1=A||B;
            CC2=!(A&&D);
            CC3=(A&&E)||(A&&F)||(E&&F);
            CC4=(B&&C)||(!B&&!C);
            CC5=(C&&!D)||(D&&!C);
            CC6=D||(!E);
                    CC1+CC2+CC3+CC4+CC5+CC6==6
               真                                  假
             输出
```

图 4-2　程序的框架描述

4.4　程序调试

一个 C 程序编制完成后，在编译、连接和运行各阶段还会发生错误，因此还应对程序进行调试和测试，尽可能发现这些错误，并予以纠正。只有当程序正确无误地运行时，程序才算编制完成。因此，在程序开发的过程中，调试是一个不可缺少的重要环节。常言道："三分编程七分调试"，说明程序调试的工作量要比编程大得多。前面实验过程中，也碰到了很多错误，但是主要还是通过仔细阅读代码，通过语法检查和逻辑推敲来查找和发现错误。但是对于一些上规模的程序和一些比较隐蔽的错误，仅仅通过这样的方法很难发现和排除，必须借助更加有效的方法来处理，因此调试技巧就显得很重要了。

4.4.1　程序错误类型

C 程序错误通常有三种类型：语法错误、连接错误和逻辑错误。

语法错误指编写程序时没有满足 C 语言的语法规则，这是 C 语言初学者出现最多的错误，比如，在 C 语句后忘记写"；"，变量、常量没有定义，标识符命名不合法等都是语法错误。发生语法错误的程序，编译无法通过，Dev-C++ 将给出错误提示，图 4-3 给出了一个有语法错误的例子，图中的输出窗口自动给出了编译器检查出的语法错误。

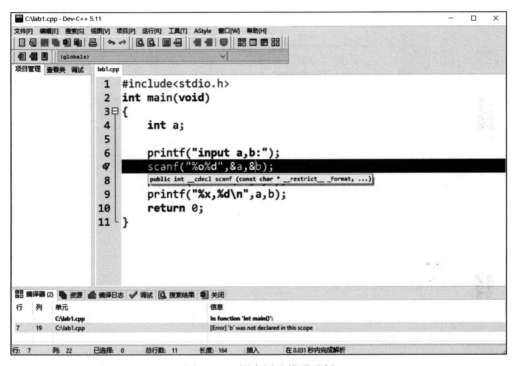

图 4-3　C 语言语法错误示例

连接错误指编译阶段没有错误，但在连接器连接形成可执行程序时，找不到被调用的函数或全局变量。图 4-4 给出了一个有连接错误的示例，图中函数 get() 有说明，没有定义，所以在连接形成可执行文件时，提示找不到外部符号。

逻辑错误就是用户编写的程序已经没有语法错误，可以运行，但得不到所期望的结果（或正确的结果），也就是说由于程序编写的原因，程序并没有按照程序设计者的思路来运行。比如一个的简单例子，本来两个数的和应该写成"z=x+y;"，由于某种原因却写成了"z=x-y;"，这就是逻辑错误。发生逻辑错误的程序，Dev-C++ 编译软件是发现不了的，要用户跟踪程序的运行过程才能发现程序中的逻辑错误，这是最不容易发现和修正的错误类型。比如软件的 Bug 就是逻辑错误，发行补丁程序就是修改逻辑错误（用户最常见就是 Windows 操作系统经常发布补丁程序）。

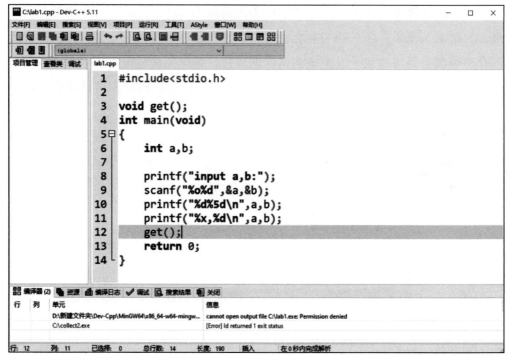

图 4-4　C 语言连接错误示例

4.4.2　程序错误分析方法

程序错误分析方法不是固定不变的，需要具体情况具体分析。而且不同类型的错误，解决方法也不一样。

1. 语法错误和连接错误

这类错误相对比较简单，因为 Dev-C++ 能自动检测出来，并给出提示。对于图 4-3 和图 4-4 所示的例子，Dev-C++ 自动给出了明确的错误提示，比如错误所在的文件、行号和错误的大致描述，且 Dev-C++ 会将当前排在最前面的错误行自动显示红色，修改之后再双击下一条错误，错误行会再次显示红色，再根据错误提示，进行修改，如此重复，直到所有的错误全部修正。但是在解决这类语法或连接错误时，必须注意：

1）不能过分依赖于 Dev-C++ 的提示，因为 Dev-C++ 的提示只是一种推测，不一定完全正确。比如有可能报错的程序行确实没有错误，而是由于前面的错误累积到该处报错，也有可能本来只是漏写了一个分号，但是软件却自动报错多行，改正该行后，其他行的错误提示也自动消失了，除了报错的位置可能不正确外，给出的错误提示可能也不准确，所以在处理这种错误的时候，必须对 C 语言语法比较熟练，借助于 Dev-C++ 的提示，而不过分依赖它。为了加速这类错误的校正速度，读者需要不断地积累常见错误的英文提示，比如将英文标点符号写成了中文标点符号的英文提示等。

2）对于警告的处理。警告有两类：一类是严重警告，这类警告可能影响程序的运行结果，必须修正，比如数据类型不匹配；另一类是一般警告，这种警告一般不会影响程序的运行结果，可以不处理，比如定义过的变量没有使用。

2. 逻辑错误

逻辑错误是最难解决的一类错误，因为计算机不能检测出这类错误，更不会给出错误描述。解决这类错误必须通过有效的调试手段，其一般步骤是：

1）认真阅读程序，通过人脑模拟计算机的运行过程，找出比较明显的错误。

2）通过广泛的测试，定位错误范围。测试的工作顺序通常是：

- 模块测试。对各模块逐个进行独立的测试，调用执行各模块，验证其结果是否与预期的一致。
- 整体测试。把已经经过模块测试的各模块组装起来，以便及时发现与模块之间的接口有关的问题。
- 其他测试。这主要是测试一些性能指标，如速度、容错性、界面是否友好等。测试数据的选择和准备，既要包括反映正常情况的数据，也要包括一些反映特殊情况的数据，甚至可以选一些错误数据以便测试程序的容错能力。

3）通过设置断点等有效调试手段，找到具体的错误代码，并修改。

4.4.3 程序调试方法

一个刚编好的 C 程序会有很多错误，即使编译通过了的程序也有可能存在错误。一个 C 语言初学者，经常把 Dev-C++ 中经过编译后输出窗口中给出 0 错误、0 警告认为代表程序正确，从而提出"我的程序是对的，为什么答案不对"的问题。事实上，经过编译后输出窗口中给出 0 错误、0 警告只能说明你的程序没有了编译和连接错误，但是还有可能隐含着另一类错误——逻辑错误。对于逻辑错误，有时候很难通过眼睛直观地发现，必须通过工具对程序进行调试。所谓调试就是发现并纠正程序中的错误，下面我们将系统地讲解 Dev-C++ 中的调试方法和技巧。

1. 断点

断点是调试器设置的一个代码位置。当程序运行到断点时，程序中断执行，回到调试器,等待用户的干预并按指令进一步执行程序。断点是最常用的技巧。调试时,只有设置了断点并使程序回到调试器,才能对程序进行在线调试,进行程序的交互运行。

1)设置断点。可以通过下述方法设置一个断点:

❏ 把光标移动到需要设置断点的代码行上,然后按 F4 键或者单击行前数字,整行亮红同时行前数字上出现红钩即为断点设置成功,如图 4-5 所示。

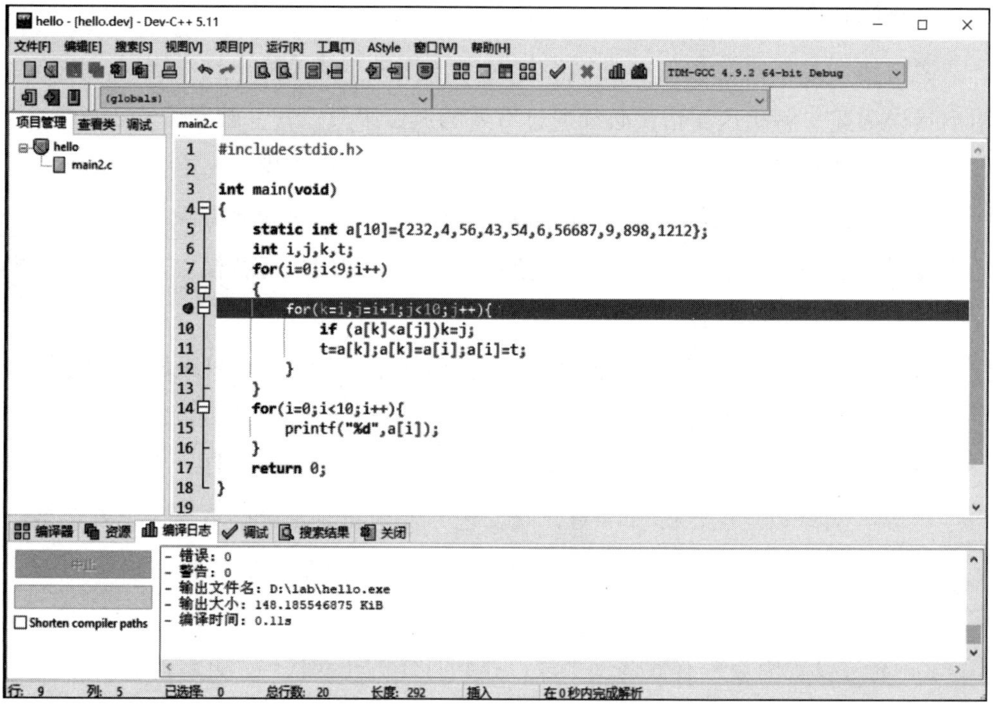

图 4-5　断点设置方法 1

❏ 单击"运行"|"切换断点",也可以在光标所在行添加断点,如图 4-6 所示。

2)去掉断点。把光标移动到给定断点所在的行,再次按 F4 键或者再次单击行前数字就可以取消断点。同前所述,再次单击"运行"|"切换断点",也可以去掉光标所在行的断点。

2. 值

Dev-C++ 支持查看变量的值。所有这些观察都必须是在断点中断的情况下进行,通过查看变量或表达式的值,并与预期结果比较,如果不符合,说明前面运行过的 C 语言语句有问题。查看变量的值最简单,方法有:

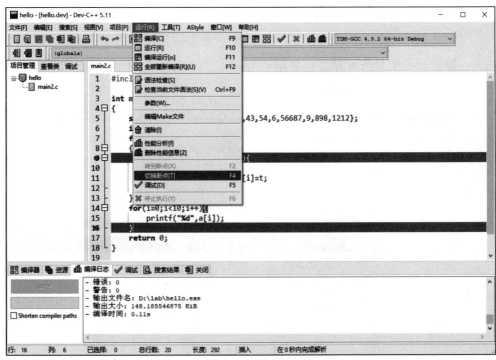

图 4-6 断点设置方法 2

☐ 当断点到达时，把光标移动到这个变量上，停留一会就可以看到变量的值，如图 4-7 所示。

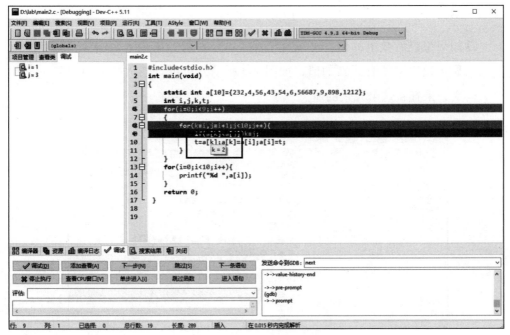

图 4-7 查看变量内容的例子

☐ Dev-C++提供一种被称为"查看"的机制来查看变量和表达式的值。在调试菜单下,单击"添加查看"就弹出一个对话框,如图4-8所示,添加你想查看的变量的变量名,然后就可以在左侧"调试"一栏中看到当前语句中你添加的那个变量的变量值。

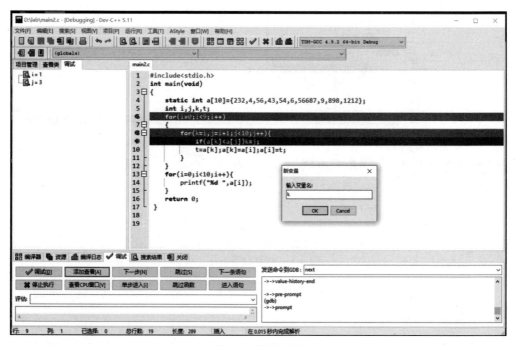

图4-8 添加查看

☐ 如果想查看数组的值,可以直接在"添加查看"中输入数组名,左侧便会显示数组中所有元素的值,如图4-9所示,也可以输入数组中的某一个元素,来查看这个元素的值。

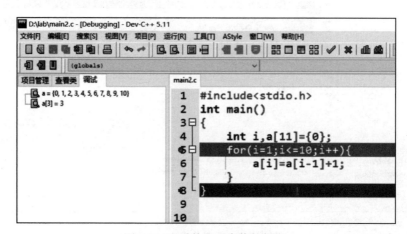

图4-9 查看数组元素值的例子

3. 进程控制

Dev-C++ 允许被中断的程序下一步、单步进入等进程操控方式，也可以在调试状态下亮起的调试快捷工具栏来操作。常用快捷键的功能如表 4-1 所示。

表 4-1　常用快捷键的功能列表

快捷键	说明
n	下一步，按程序运行的顺序
s	跳过，跳过程序运行顺序的下一步
i	单步进入，如果涉及子函数，进入子函数内部

4. 程序调试例子

下面程序的功能是不断计算输入数据的幂，如果输入字母 q 则退出整个程序。例如输入数据 2.3 3 就是计算 2.3^3，按任意键继续计算，如果不想再计算，则输入 q，程序退出。请找出下列程序中的错误，并修正。

```
int main( )
{
    double x;
    int y;
    double res;
    char c;
    int i;
    while (1)
    {
        printf("Please input two number to x and y\n");
        scanf("%f %d", &x, &y);
        for (i = 1; i <= y; i++)
        {
            res *= x;
        }
        printf("The result is: %f\n", res);
        printf("Enter any key to continue and Enter q to exit\n");
        c = getchar();
        if (c == 'q')
            break;
    }
}
```

首先按 F7 键或单击工具栏上的 ■ 按钮，编译该程序。提示有 1 个错误，2 个警告，结果如图 4-10 所示。该阶段出现的错误是语法错误，编译器已经对每个错误给出了相应的描述。按 F4 键，光标跳到了第一个错误出错的行，根据错误提示，printf 没有定义，所以需要包括头文件 #include <stdio.h>。

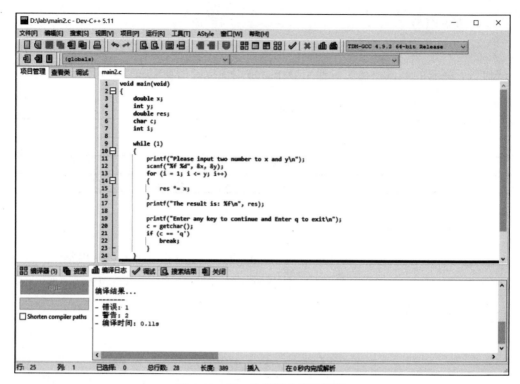

图 4-10　第一次编译出现的错误

在文件头部加上头文件，再编译一次该程序，错误已经变成了 1 条。按 F4 键或双击第一个错误行，程序定位到了最后一个花括号"}"上，结果如图 4-11 所示。根据错误提示，花括号"}"前面丢了一个"{"。经过仔细比对，发现 if(c == 'q') 后面漏输了一个花括号"{"，加上该括号，再一次编译程序。程序顺利通过编译，错误和警告均为 0 个。

运行程序，输入 2 3 后，程序运行结果如图 4-12 所示。2^3 的结果应该是 8，程序给出的答案显然不对，程序出错，这种错误就是所谓的逻辑错误。

Dev-C++ 编译器不能察觉逻辑错误，因此需要程序员自己去判断，判断的基本思路和步骤可以总结为：

1）第一步通过眼睛看，仔细核对程序，找出可疑代码段。

2）该程序比较短，可疑代码段很好确定，直接将光标定位在 main 函数的 scanf 语句上，单击行前数字。

3）单击"下一步"，程序将自动停在 scanf 语句上，并用蓝色小箭头表示程序当前运行的位置。程序单步执行 scanf 语句，在黑色运行窗口中输入 2 3，之后按回车键。

实验 4　循环结构程序设计　47

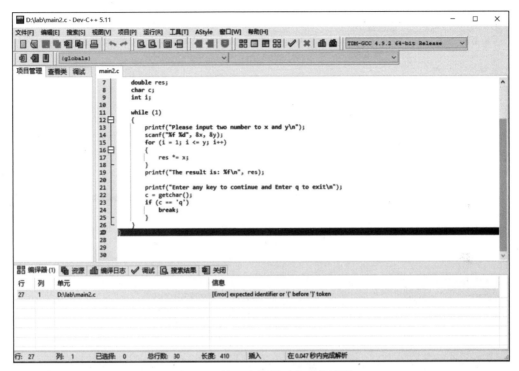

图 4-11　第二次编译后出现的错误

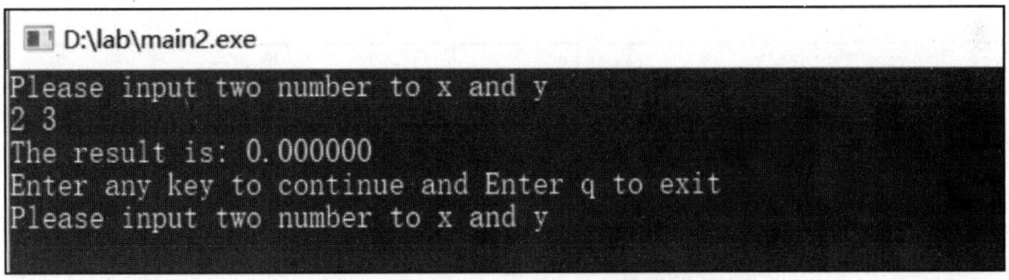

图 4-12　第一次程序运行结果出错

程序回到调试窗口，这时可以用前面讲到的方法查看 x 和 y 的值，结果如图 4-13 所示。显然 y 获得了正确的值 3，而 x 没有获得正确的值 2。错误找到了——scanf 函数使用错误，x 不能获得正确的值。仔细检查发现，scanf 中输入的 x 是 double 类型的值，但是控制符用的是 %f，应该用 %lf，改正程序，按 F11 键或单击 ■ 按钮（不调试，采用直接运行的模式）再一次编译、运行程序，程序还是没有获得正确的答案 8。

单击"调试"，使得程序再一次进入调试运行模式，重复一遍上面的过程，发现 x 和 y 已经能获得正确的结果 2 和 3。按 F10 键，继续单步运行程序，进入 for 循环，运行完"res *= x;"语句后，观察 res 的值，结果如图 4-14 所示。

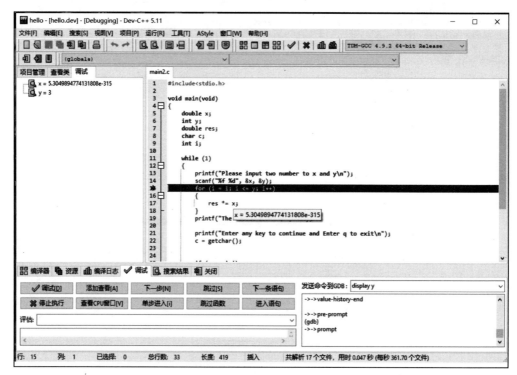

图 4-13　查看 x 和 y 的值

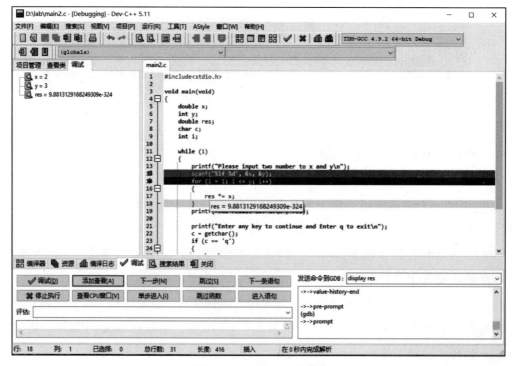

图 4-14　查看 res 的值

res只乘了x一次，其值应该为2，所以现在的值肯定出错。仔细检查"res *= x;"语句，语句本身应该没有错，那错在哪呢？回顾变量初始化的规则：局部变量如果没有初始化，其值为随机值，这就是症结所在，因为随机值乘以2其值还是随机值。解决方法就是定义res的时候，将其初始化为1。修改程序，再编译运行，结果如图4-15所示。

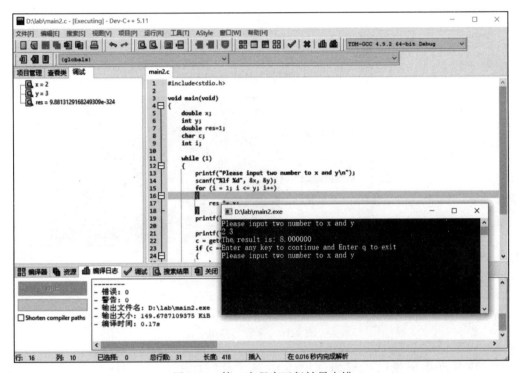

图4-15　第二次程序运行结果出错

由图4-15可见，2^3=8结果已经正确，按照提示"Enter any key to continue and Enter q to exit"，应该是按了键以后，根据用户所按的键在决定是否继续做运算，可是程序运行的结果是用户没有按任何键，程序就已经进入到下一轮的运算"Please input two number to x and y"，这显然与正确的程序逻辑不符。

再次按F5键，并单步执行到"c = getchar();"语句，按F10键单步执行之。getchar()是一个输入函数，运行完应该使程序进入黑色运行界面，等待输入数据，但是事实是程序直接执行完了该语句，并将光标定位到了"if(c == 'q')"，这时查看c的值，结果如图4-16所示。c的ASCII码值为10，查ASCII码表，10对应的是字符'\n'，也就是没有等用户输入，程序已经将字符'\n'读入。这跟我们的期望不符，分析产生这种现象的原因，发现是因为执行"scanf("%lf %d", &x, &y);"语句时，用户输入完数据后，所有的数据已经被读入到了 x 和 y，但是回车符 '\n' 仍然在键盘缓冲区中，所以执行"c = getchar();"语句时，不等用户输入，就直接将键盘缓冲区中的回车符 '\n' 读入了 c 中。

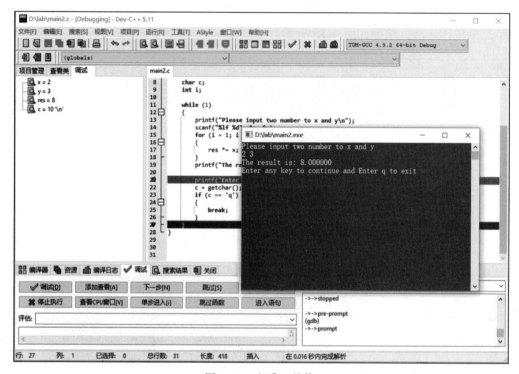

图 4-16　查看 c 的值

修改方法很多，比较粗浅的方法就是在"c = getchar();"前加一条"getchar();"语句将回车符 '\n' 读走，另外也可以通过调用函数"fflush(stdin);"清空键盘缓冲区。修改并运行程序，结果如图 4-17 所示。2^3=8 没错，但是 3^4=648 出错，也就是进行第二次运算的时候出现了问题。再次进入调试模式，按 F5 键，程序停在了断点上，按 F10 键单步执行，输入数据 2 3，在按 F5 键，输入 c 后程序又停在了断点上，再按 F10 键单步执行，输入数据 3 4，这时在进入 for 循环之前再次观察 res 的值，其结果如图 4-18 所示。res 的值为 8，但是在进入计算幂之前，res 的值应该是 1。分析原因，发现 8 是上次 2^3 的结果，也就是第一次运算的结果被带入到了第二次运算。

解决方法就是在每次运算之前都将 res 设置回 1。再次修改并运行程序，程序终于能够正确运行了。图 4-19 给出了输入多组测试数据，并正确结束程序的运行界面。

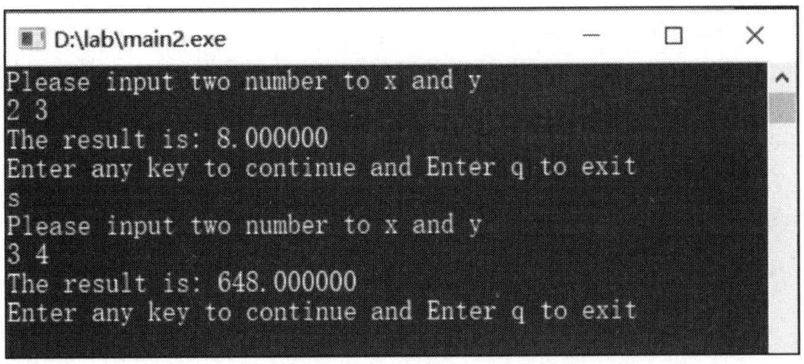

图 4-17 第三次程序运行结果出错

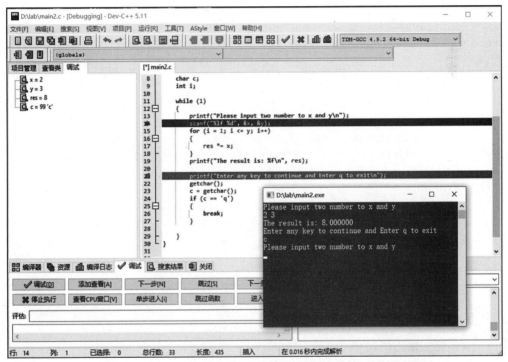

图 4-18 再次观察 res 的值

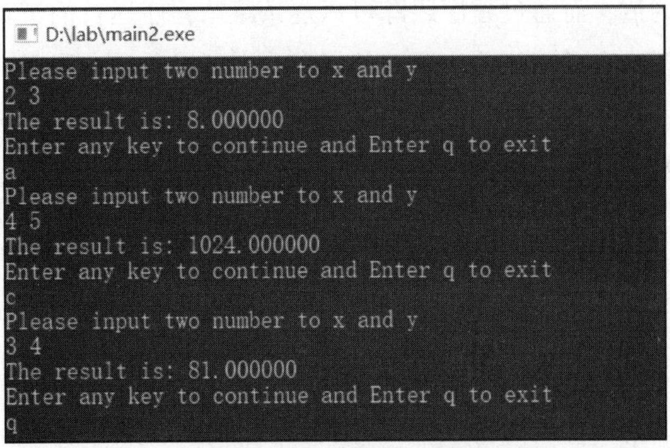

图 4-19 程序正确运行界面

最终正确的程序如下所示：

```c
#include <stdio.h>
void main(void)
{
    double x;
    int y;
    double res=1;
    char c;
    int i;
    while (1)
    {
        printf("Please input two number to x and y\n");
        scanf("%lf %d", &x, &y);
        res = 1;
        for (i = 1; i <= y; i++)
        {
            res *= x;
        }
        printf("The result is: %f\n", res);
        printf("Enter any key to continue and Enter q to exit\n");
        fflush(stdin);   // getchar();
        c = getchar();
        if (c == 'q')
        {
            break;
        }
    }
}
```

5. 其他调试方法

（1）添加输出语句

程序调试的方法一般采用设置断点和程序跟踪等手段，利用断点可以查看断点处各个变量的值，而通过程序跟踪可以逐条跟踪程序运行的逻辑流程。但是对于有些不能设置断点或不能单步跟踪的场合，则可以通过在程序中插入一些输出语句来实现程序跟踪和查看某处各个变量的值。这种添加输出语句的方法一方面可以帮助程序员判断程序是否已经执行过某个代码段，另一方面也可起到判断相应变量值正确与否的作用。

例如：

```c
#include<stdio.h>
void main(void)
{
    static int a[10]={232,4 ,56,43,54,6,56687,9,898,1212};
```

```
    int i,j,k,t;
    for(i=0;i<9;i++)
    {
        for(k=i,j=i+1;j<10;j++)
        {
            if (a[k]<a[j]) k=j;
        }
        printf ("k=%d,a[k]=%d\n",k,a[k]);
        getchar();
        t=a[k];a[k]=a[i];a[i]=t;
    }
    for(i=0;i<10;i++)
        printf ("%d,",a[i]);
}
```

其中语句"printf ("k=%d,a[k]=%d\n",k,a[k]);"是为了调试而临时插入的语句，以便了解程序执行到此处时有关变量的值。一旦调试完成，应把这些临时插入的语句删除。这种方法在一般情况下是行之有效的。

（2）使用断言

断言是一种让错误在运行时自我暴露的简单有效且实用的技术。它能帮助你较早地发现错误，使得整个调试过程效率更高。断言是布尔调试语句，用来检测程序正常运行的时候某一个条件的值是否总为真。断言具有以下特征：

❏ 断言用来发现运行时错误，发现的错误是关于程序实现方面的；

❏ 断言中的布尔表达式显示的是某个对象或者状态的有效性而不是正确性；

❏ 断言在条件编译后只存在于调试版本中，而不是发布版本里；

❏ 断言不能包含程序代码，它是为了给程序员而不是用户提供信息；

❏ 使用断言最大的好处是自动发现许多运行时产生的错误，但断言并不能发现所有错误；

❏ 断言检查的是程序的有效性而不是正确性，可通过断言把错误限制在一个有限的范围内。

当断言为假，激活调试器显示出错代码时，可用 Call Stack 命令，通过检查栈里的调用上下文、少量相关参数的值以及输出窗口中 Debug 表的内容，通常能检查出导致断言失败的原因。C 语言中的断言语句是 assert 语句，下面的程序给出了一个使用断言的例子：

```
#include <stdio.h>
#include <assert.h>
#include <string.h>
void analyze_string( char *string );   /* Prototype */
```

```
void main( void )
{
    char  test1[] = "abc", *test2 = NULL, test3[] = "";

    printf ( "Analyzing string '%s'\n", test1 );
    analyze_string( test1 );
    printf ( "Analyzing string '%s'\n", test2 );
    analyze_string( test2 );
    printf ( "Analyzing string '%s'\n", test3 );
    analyze_string( test3 );
}

/* Tests a string to see if it is NULL, */
/*  empty, or longer than 0 characters */
void analyze_string( char * string )
{
    assert( string != NULL );          /* Cannot be NULL */
    assert( *string != '\0' );         /* Cannot be empty */
    assert( strlen( string ));
}
```

本实验系统地讲解了程序的多种调试方法，但是程序调试技巧很复杂，要想彻底掌握它是一个艰苦的过程，只有不断地使用和实践，才能总结出有效的调试技巧。读者可以在后面的实验中不断地练习调试技术的使用，以积累解决问题的方法和经验。

实验 5 数组程序设计

5.1 实验目的和要求

1) 掌握一维数组和二维数组的使用技巧。

2) 编写实验报告。

5.2 实验内容

5.2.1 用非排序方法整理数组

从键盘输入一个长度为 N（比如 10）的整型数组，而后将数组中小于 0 的元素移到数组的前端，大于 0 的元素移到数组的后端，等于 0 的元素留在数组中间。比如原始数组为：2 -5 -89 75 0 -89 0 93 48 0，经过处理后的数组为：-5 -89 -89 0 0 0 75 93 48 2。由于不要求数组有序，所以不允许用排序方法。

提示：

1) 输入 N 个数据，构建数组。

2) 按照要求确定数据的位置，需要注意循环条件的确定、0 数据元素往中间推的实现过程以及数组处理的方向。

源程序如下：

```c
#include <stdio.h>
#define N 10
int main()
{
    int a[N];
    int i, p1=0, p2=9, p, temp; /* 定义一个数组，然后定义两个指针指向数组的前端与后端 */
    printf("Please input %d integer number\n", N);
    for(i=0;i<=N-1;i++)
    {
        scanf("%d", &a[i]);
    }
    /* 从数组头和数组尾同时处理数组元素，循环结束的条件是表示数组头方向的 p1 和表示数组
       尾方向的 p2 交错过 */
    for(;p1<p2;)
    {   /* 从数组头开始处理，首先处理元素往中间推的过程 */
        if (a[p1]==0)
        {
```

```
        p = p1;        /* 记录p1的原始位置 */
        while (a[p1+1]==0)
        {
            p1++;
        }
        if (p1+1 < p2)
        {
            temp = a[p1+1]; a[p1+1]=a[p]; a[p]=temp;
            p1=p;      /* 交换完后还原p1的位置 */

            continue;
        }
        else
        {
            break;
        }

    }
    if(a[p1]>0)
    {
        /* 如果数组头上的元素大于0,则往后面交换 */
        temp=a[p1];a[p1]=a[p2];a[p2]=temp;
        p2--;    /* 数组尾下标往前移一个元素 */
    }
    else
    {
        p1++;    /* 如果数组头上的元素小于0,则不用挪动,p1直接往后移动 */
    }
    /* 从数组尾往前移动元素,思路与前面相同 */
    if (a[p2]==0)
    {
        p = p2;
        while (a[p2-1]==0)
        {
            p2--;
        }
        if (p1 < p2-1)
        {
            temp = a[p2-1]; a[p2-1]=a[p]; a[p]=temp;
            p2=p;
            continue;
        }
        else
        {
            break;
        }

    }
    if (a[p2]<0)
```

```
            {
                temp=a[p2];a[p2]=a[p1];a[p1]=temp;
                p1++;
            }
            else
            {
                p2--;
            }
    }
    for(i=0;i<=N-1;i++)
    {
        printf("%5d", a[i]);
    }
    printf("\n");
    return 0;
}
```

分析与讨论：

1）从数组头和数组尾向中间同时处理，所以程序结束条件是下标交错，即 p1>p2。

2）在从数组头和数组尾往中间处理的时候，如果当前元素是 0，则往中间推，如果该元素不满足要求（也就是位置不当），则头尾相应元素互换，否则元素位置不动。

5.2.2 按序插入元素

设数组 a 的定义如下：`int a[20]={2,4,6,8,10,12,14,16};`，已存入数组中的数据已经按由小到大的顺序存放，现从键盘输入一个数据，把它插入到数组中，要求插入新数据以后，数组中的数据仍然保持有序。请编写一个程序实现上述功能。

提示：

1）定义整型数组并初始化。

2）从键盘输入一个数据。

3）将该数据插入到数组中，由于要保证插入数据后的数组仍然有序，因此需要查找插入位置。

4）输出插入数据以后的数组。

源程序如下：

```
#include<stdio.h>
int main()
{
```

```
    int a[20]={2,4,6,8,10,12,14,16};     /* 定义数组a[20]并初始化 */
    int i,j,n;
    printf("Enter n:");                    /* 提示从键盘输入一个数据 */
    scanf("%d",&n);
    for(i=0;i<8;i++)
        if(a[i]>n)
        {                                  /* 将a[i]与n比较,确定n的位置 */
            for(j=8;j>i;j--)
                a[j]=a[j-1];               /* 将比n大的数后移一位 */
            a[i]=n;                        /* 将n插入到该数组中 */
            break;
        }
    if(i==8)                               /* 循环结束,没有比n大的数,将a[8]赋值为n */
        a[i]=n;
    for(i=0;i<9;i++)
        printf("%d",a[i]);                 /* 输出该数组 */
    printf("\n");
    return 0;
}
```

分析与讨论:

1)将 n 插入到数组时,插入点后的数往后移位时注意算法的书写,不能写成 a[j]=a[j+1]。

2)注意循环结束后判断 i 的值,如果 i 比最后一个元素的下标都大,说明 n 比数组中任何一个数都大,此时应将 n 插在数组的最后。

5.2.3 多项式相乘

已知多项式 P 和 Q,P 是 n 项多项式,Q 是 m 项多项式。这两个多项式的乘积也是一个多项式,请编写程序求出 P 和 Q 相乘后的多项式的每个项的系数,并按次序从小到大排序。

输入格式:

输入共三行。

第一行输入两个整数 n 和 m,分别表示多项式 P 的最高次项次数和 Q 的最高次项次数。

第二行 n+1 个整数,表示多项式 P 的每一项的系数。按次数从小到大的顺序排列。

第三行 m+1 个整数,表示多项式 Q 的每一项的系数。按次数从小到大的顺序排列。

源程序如下:

```c
#include<stdio.h>
int main()
{
    int n,m,i,j;
    int P[501];
    int Q[501];
    int ans[1005];
    scanf("%d %d",&n,&m);
    for(i=0;i<=n;i++)
        scanf("%d",&P[i]);
    for(i=0;i<=m;i++)
        scanf("%d",&Q[i]);
    for(i=0;i<=m+n;i++)
        ans[i]=0;
    for(i=0;i<=n;i++)
    {
        if(P[i]!=0)
        {
            for(j=0;j<=m;j++)
            {
                if(Q[j]!=0)
                {
                    ans[i+j]=ans[i+j]+P[i]*Q[j];
                }
            }
        }
    }
    for(int i=0;i<=n+m;i++)
        printf("%d ",ans[i]);
}
```

分析与讨论：

多项式最小项是 0 项，所以循环需要从 0 开始，n 项多项式与 m 项多项式相乘，会得到 m×n 项的多项式。

5.3 实验内容扩展

1）将一个任意方阵，以重心为原点分别沿顺时针和逆时针方向旋转 90°，输出转换前后的矩阵。

提示：主要是找出旋转后的矩阵下标与旋转前的矩阵下标之间的关系，寻找方法可以列举一个具体的矩阵，然后推导出它旋转后的矩阵，再比较相应元素的位置关系。（假定 originalmatrix、resmatrix、i 和 j 分别表示原始矩阵、旋转后的矩阵以及原始矩阵的行坐标和列坐标，则有 resmatrix[j][N-1-i]= originalmatrix[i][j]。这里 N 表示方阵的行列数。）据此，可以总结出有关矩阵旋转的问题，其实质都是寻找下标之间的关系。

2）编程实现随机产生 10 个位于区间［100，200］互不相等的整数，并对其按降序排序和输出。

3）请编写一个矩阵乘法的程序。

提示：$m \times n$ 阶矩阵 A 和 $n \times m$ 阶的矩阵 B 的乘积 C 是一个 $m \times n$ 的矩阵。C 的任何一个元素 C_{ij} 的值为矩阵 A 的第 i 行和矩阵 B 的第 j 列的 n 个对应元素乘积的和，即：

$$C_{ij} = \sum_{k=1}^{n} A_{ik} B_{kj}$$

4）设 a 是一个整型数组，n 和 x 都是整数，数组 a 中各元素的值互异。在数组 a 的元素中查找与 x 相同的元素，如果找到，输出 x 在数组 a 中的下标位置；如果没有找到，输出"没有找到与 x 相同的元素"。下面的程序中有错误，请用各种程序调试方法，找出错误并修改该程序。

```
#include <stdio.h>
int main()
{
    int i, x, n;
    int a[n];
    printf(" 输入数组元素的个数 \n");
    scanf("%d", &n);
    printf(" 输入数组 %d 个元素 :\n", n);
    for (i = 0; i < n; i++)
    {
        scanf("%d", &a[i]);
    }
    printf(" 输入 x:");
    scanf("%d", &x);
    for (i = 0; i < n; i++)
    {
        if (a[i] != x) break;
    }
    if (i != n)
        printf(" 没有找到与 %d 相等的元素 \n", d);
    else
        printf(" 和 %d 相同的数组元素是第 %d 个元素 ", x, i, a[i]);
    return 0;
}
```

实验 6 函 数

6.1 实验目的和要求

1)学习函数的编程思想,编写一个包括 3~4 个函数的程序。
2)掌握函数中参数传递的两种方式和函数的相互调用。
3)编写实验报告。

6.2 实验内容

6.2.1 求整数指定位的值

写一个函数 int digit(int n,int k),它返回数 n 的从右向左的第 k 个十进数字位值。例如,函数调用 digit(1234,2) 将返回值 3。

```
int digit(int n,int k)      /* 定义函数 */
{
    int i;
    int t;
    for(i=0;i<k;i++){       /* 利用 for 循环语句查找 n 的从右向左的第 k 个十进数字位值 */
        t=n%10;
        n=n/10;
    }
    return t;               /* 返回 n 的从右向左的第 k 个十进数字位值 */
}
```

6.2.2 判断素数的回文数是否为素数

现在给出一个素数,这个素数满足以下两个条件:

1)只由 1~9 组成,并且每个数只出现一次,如 13、23、1289。
2)位数从高到低为递减或递增,如 2459、87631。

编写程序判断一下,这个素数的回文数是否为素数(13 的回文数是 131,127 的回文数是 12721)。

程序如下:

```
#include<stdio.h>
#include<math.h>
long long int plalindrome(long long int x){      //形成回文数
```

```
        long long int ans=x;
            x=x/10;
            while(x>0)
            {
                ans=ans*10+x%10;
                x=x/10;
            }
            return ans;
    }
    int Isprime(long long int x){    //判断是否为素数
        int i,k=sqrt(x);
        for(i=2;i<=k;i++)
        {
            if(x%i==0) return 0;
        }
        return 1;
    }
    int main()
    {
        long long int t;
        scanf("%lld",&t);
        if(Isprime (plalindrome(t)))
            puts("prime");
        else
            puts("noprime");
        return 0;
    }
```

分析与讨论：

1）sqrt()函数的作用是求平方根，它所在的头文件是math.h。

2）要注意数据类型，这里使用long long int 类型，它能表示的整数范围很大。

6.2.3 用递归和非递归实现字符串倒序

写一个函数reverse(char s[])，将字符串s[]中的字符串倒序输出。试分别用递归和非递归两种形式编写。

非递归实现：

```
    void reverse(char s[])          /* 函数的定义 */
    {
        int i,len;
        char ch;
        len=strlen(s);
        for(i=0;i<len/2;i++){
            ch=s[i];
```

```
            s[i]=s[len-1-i];
            s[len-1-i]=ch;              /* 交换字符串前后对应字符 */
        }
        puts(s);                        /* 输出逆序后的字符串 */
    }
```

递归实现：

```
void reverse(char s[])                  /* 函数的定义 */
{
    int len;
    len=strlen(s);
    if (len == 1)
    {
        printf("%c", s[0]);
    }
    else
    {
        reverse(s+1);
        printf("%c", s[0]);
    }

}
```

分析与讨论：

1）交换字符串前后相应字符时注意交换次数，应该为 len/2 次（len 为字符串长度），而不是 len 次。思考如果循环结束条件变成了 len 会有怎样的结果，另外是否需要区分 len 的奇偶性。

2）请结合课本，理解递归函数的设计思想。

递归算法的一般形式：

```
void  p（参数表）
{
    if  （递归结束条件）
        可直接求解步骤;----- 基本项
    else
        p(较小的参数);------ 归纳项
}
```

用归纳思维方法来理解和检验递归算法，有一个基本条件和两个步骤：

基本条件：规格说明必须严格、精确地规定算法的功能、入/出口信息、对外层量或全局量的影响。

步骤 1：归纳假设——验证算法对于最简单情况（递归出口）的正确性。

步骤 2：由归纳假设进行归纳——假设算法中的递归调用能正确实现规格说明之规定，然后验证整个算法能否实现规格说明之规定。

6.2.4 编写测试上述函数的主函数

写一个主函数输入测试数据（自己指定），并调用上述函数，检查函数功能的正确性。

```c
#include<stdio.h>
#include<string.h>
void main(void)
{
    int n,k;
    int flag;
    char s[20];

    printf("请输入n和k:");
    scanf("%d%d",&n,&k);
    if(digit(n,k)!=0)
        printf("%d\n",digit(n,k));       /* 输出n的从右向左的第k个十进数字位值 */
    else
        printf("k超过了n的位数范围 \n");/* 如果k超过n的位数范围,则进行说明 */
    printf("Enter n(n>1):");
    scanf("%d",&n);
    flag=isprime(n);
    if(flag==1)
        printf("%d is a prime!\n",n);     /* n是素数 */
    else
        printf("%d is not a prime!\n",n); /* n不是素数 */
    printf("请输入一串字符:");
    scanf("%s",s);                        /* 从键盘读入字符串 */
    reverse(s);
    printf("\n");
}
```

分析与讨论：

1）请思考函数调用时参数传递的方法，比如main函数中的函数调用语句"flag=isprime(n);"和"reverse(s);"，初学者经常写成"flag=isprime(int n);"和"reverse(s[])"或"reverse(s[i]);"。所以一定要记住，实参前面绝对不允许出现类型说明符，数组作为参数时，只需要传递数组名即可。

2）思考将main函数写在最前时程序的写法并调试。请仔细琢磨，C语言中通过函数组织程序的基本思路和函数划分的基本原则。

3）通过调试，理解递归算法的执行过程。

在上述main函数的最后一条语句"reverse(s);"上设置断点，单击

"开始调试",程序运行到断点处,等待用户的进一步干预,单击调试工具栏中的"单步进入"按钮,程序执行流程进入 reverse 函数,如图 6-1 所示。[注:"单步进入"和"下一步"的区别主要是"单步进入"指示程序跟踪进入(step into)函数体,而"下一步"指示将函数当作一个整体一步执行完(step over),这个区别主要是在调试函数的时候才体现出来,当当前执行语句是一个函数调用语句时,单击"单步进入",程序的执行流程切入到了函数内部,而如果单击"下一步",则将整个函数调用当作一条语句执行,程序的执行流程不会发生跳转。但是要注意的是,如果是一个库函数调用,则不能单击"单步进入"跟踪进入该函数。]

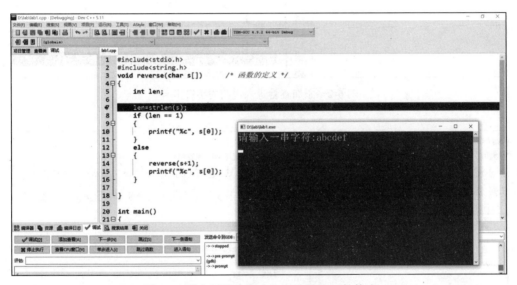

图 6-1 单击"单步进入"跟踪进入函数体内

在蓝色箭头进入函数体前,将需要查看的字符串 s 添加到查看中,如图 6-2 所示。当进入 reverse 函数后,再单击"下一步"执行,当到达 else 语句中的 reverse 调用时,单击"单步进入"再次跟踪到该函数内部,读者可以发现 s 的内容少了一个字母 a,如图 6-3 所示,也就是第二次调用 reverse 的时候,其参数变成了以 b 字母为首的字符串(地址为 s 的后一个地址:s+1),换而言之,问题的规模由原先的"abcdef"变成了"bcdef",问题规模变小。

不断地重复上面的过程,当 s 的内容变为"f"时,如图 6-4 所示。这个过程一直在进行递归调用,因为 s 的内容不为"f"之前,条件 len==1 不满足,当 s 的内容为"f"的时候,递归结束条件满足,直接输出该字符,读者可以观察黑色运行窗口中输出了字符 f,如图 6-5 所示。

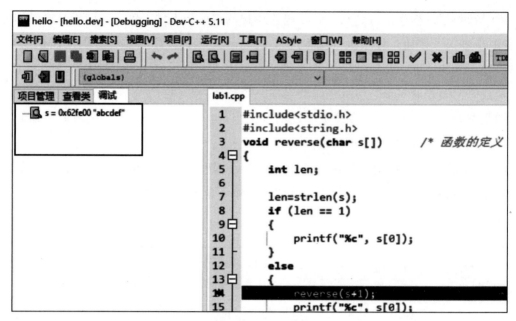

图 6-2 添加查看进入递归的字符串 s

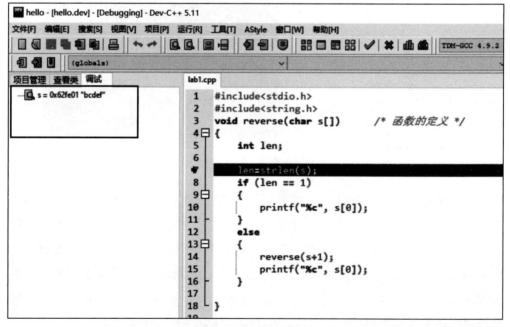

图 6-3 s+1 进入递归

再单击"下一步"键,最深的一层 reverse 函数调用结束,程序回到次深一层的 reverse 函数调用中,再单击"下一步"程序输出倒数第二个字符 e,如图 6-6 所示。

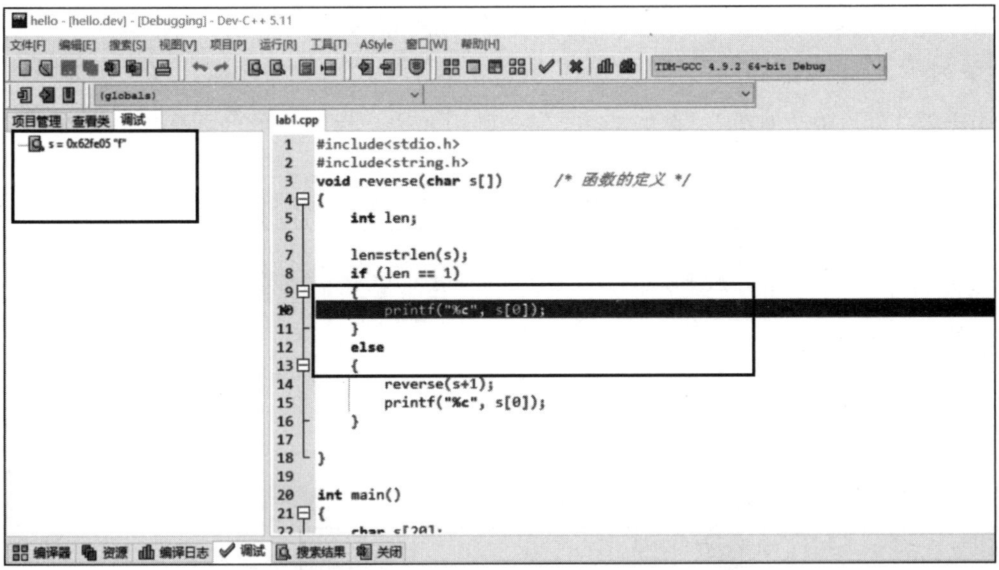

实验 6　函　　数　　67

图 6-4　递归到最底层，进入 if

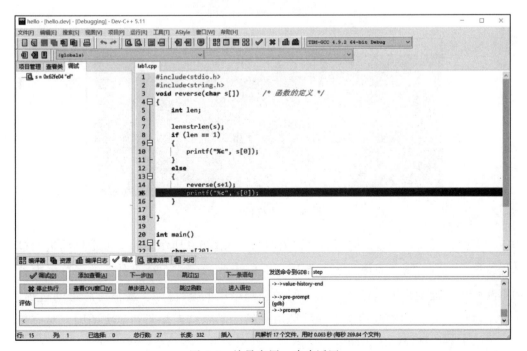

图 6-5　输出了字符 f

图 6-6　从最底层一步步返回

不断重复该过程,黑色运行窗口中的输出字符越来越多。当 s 的内容又变回 "abcdef",黑色运行窗口中的输出字符变成了 fedcba 的时候,蓝色光标回到主函数(如图 6-7 所示),表示 reverse 调用完毕,得到了最终的程序运行结果,如图 6-8 所示。

图 6-7　完成所有递归

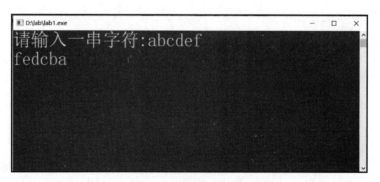

图 6-8　最终输出过程

因此,可以总结递归调用的过程为两步(如图 6-9 所示):1)波浪形前进的过程,这个过程主要是不断地递归调用,对应于蓝色箭头不断回退且 s 字符串内容不断减少,波浪形前进结束的条件就是递归结束的条件。2)波浪形后退的过程,这个过程主要是递归调用从最深层调用开始,不断结束并回到前次调用,对应蓝色箭头不断回到递归语句的下一条语句,且黑屏上一个一个输出字母。

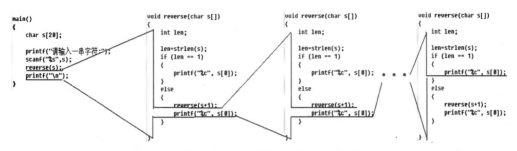

图 6-9　递归调用波浪形前进和波浪形后退的过程

6.3　实验内容扩展

1）编写一个函数 `int revnum(int n)`，实现将一个数反转的功能。比如，如果参数 n 为 123456，要求函数的返回值为 654321。

2）一个数如果从左往右和从右往左读，数字是相同的，则称这个数字为回文数，比如 898、1221、15651 都是回文数。求：既是回文数又是质数的 5 位十进制数有多少个？要求：回文判断和质数判断都需要通过子函数实现，输出的时候要求 5 个数字一行。

3）在 n 个已排好序（设为从小到大）的数据（数或字符串）中查询某一个数据，如果找到了，就指出其在 n 个数中的位置；否则给出无该数据的信息。请用递归的方法实现二分查找来实现这一查找过程。

提示：

采用二分法求解本问题的基本思路是：设数列为 $a_1, a_2, \cdots, a_n$，被查找的数为 x，则查找首先对 $a_m (m=(n+1)/2)$ 进行，于是得到三种情形。

若 $x > a_m$，则 x 只可能在区间 $[a_{m+1}, a_n]$；

若 $x < a_m$，则 x 只可能在区间 $[a_1, a_{m-1}]$；

若 $x = a_m$，则 a_m 即为查找的数，求解结束。

从上面的分析发现，这个过程很适合用递归来实现。

6.4　帮助的使用

C 语言初学者，最喜欢做的事情就是，一有错误就找书。事实上，Dev-C++ 系统提供了非常完善的帮助系统。编程时必须善于使用帮助。

帮助能使我们快速纠正错误，很多场合都需要使用帮助，下面列举了几种：

1）查找函数所在的头文件。比如调用 `scanf` 或 `printf` 等函数，我们不知道函数所在的头文件和用法。我们只需要将光标定位在该函数上，就会自动显示出该函数的形参返回值等信息。

2）将光标定位在 printf 上，按 Ctrl 键，就将弹出该函数所在的头文件，如图 6-10 所示。

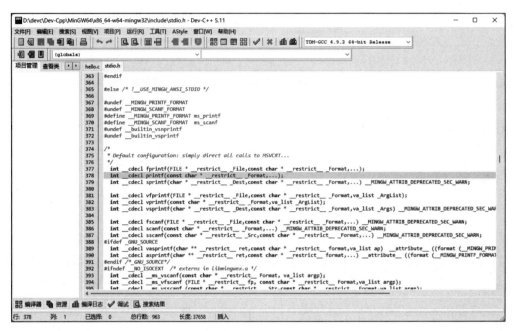

图 6-10　弹出的头文件

3）按下 F1 键，或者单击"帮助"|"Dev-C++ 帮助"，可打开帮助页面，了解和 Dev-C++ 有关的信息，如图 6-11 所示。帮助页面如图 6-12 所示。在这里可以了解到编辑页面工具栏上所有工具的使用方法和一些常见问题的问答，同时可以通过帮助页面访问官方博客，了解更多相关信息。

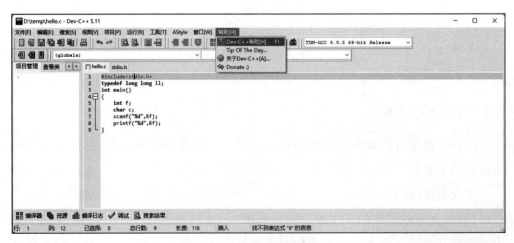

图 6-11　打开帮助页面的方法

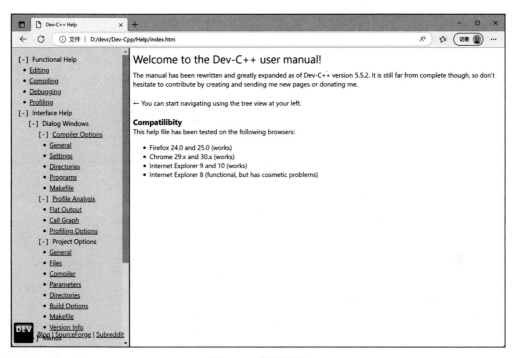

图 6-12　帮助页面

实验 7 指 针

7.1 实验目的和要求

1）用指针作为函数参数完成字符串的传递。

2）掌握函数中参数传递的两种方式。

3）编写实验报告。

7.2 实验内容

7.2.1 不同类型字符数量统计

编写程序，输入字符串 s 找出其中的大写字母、小写字母、空格、数字，及其他字符的个数。

```c
#include<stdio.h>
#include<string.h>
void Count(char s[])
{
    char* p = s;
    int i, len;
    int a = 0, b = 0, c = 0, d = 0, e = 0;
    len = strlen(s);
    while (i<len)
    {
        if (*p >= 'A' && *p <= 'Z')
            a++;
        else if (*p >= 'a' && *p <= 'z')
            b++;
        else if (*p == ' ')
            c++;
        else if (*p >= '0' && *p <= '9')
            d++;
        else e++;
        p++;
        i++;
    }
    printf("%d %d %d %d %d", a, b, c, d, e);
}
int main()
```

```
{
    char s[20];
    gets(s);
    Count(s);
}
```

分析与讨论：

1）将主函数中的 gets(s) 换成 scanf("%s",&s)，会有何不同？

2）指针调试。在主函数中的 Count 函数处设置断点，单击调试按钮，输入字符串 asdASD 123,/。单步进入 Count 函数，单击查看添加按钮，将字符指针 p 添加，可以看到此时 p 对应的地址为 0x0，如图 7-1 所示。利用单步进入，持续跟踪指针 p，会发现 p 的值从 0x0 到 0x65fe00 内容为 "asdASD 123,/"，再到 0x65fe01 内容为 "sdASD 123,/"，最后到 0x65fe0c 内容为 ""。此时再进行单步进入就会输出答案：3 3 1 3 2，如图 7-2 所示。

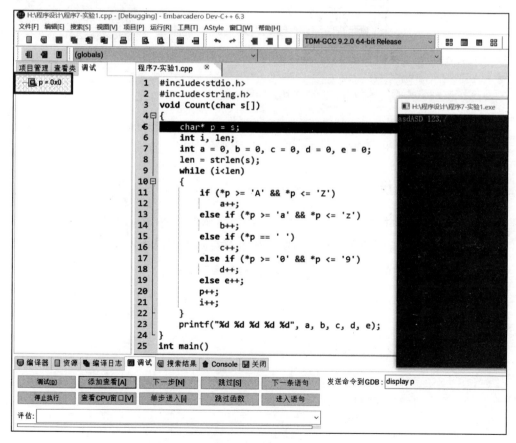

图 7-1 观察指针 p

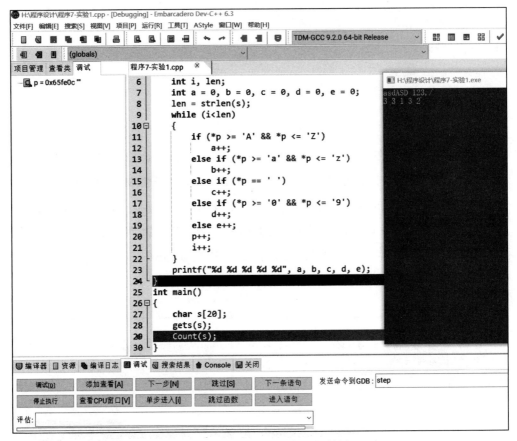

图 7-2 显示 count 函数运行结果

7.2.2 字符串查找

写一个函数 int find(char *s1, char *s2)，函数 find 的功能是查找串 s1 中是否包含指定的词（s2 指向），如果存在则返回第 1 次出现的位置，否则返回 -1。约定串中的词由 1 个或 1 个以上的空格符分隔。

```
int find(char *s1,char *s2)              /* 定义函数 */
{
    int i,j,k;
    for(i=0;s1[i]!='\0';i++)
    {
        for(j=i,k=0;s1[j]==s2[k];j++,k++);
            if(s2[k]=='\0')
                return (i+1);
    }
    return -1;
}
```

分析与讨论：

1）注意 int find(char *s1,char *s2) 函数中字符串匹配的查找方法。注意程序中第二个 for 循环后的分号是否多余，如果去掉会有怎样的结果？

2）请思考，如果要查找的不是第一次出现的位置，而是最后一次出现的位置，程序应该做怎样的修改？

3）请改进字符串查找的算法，画出新旧算法的流程图，并编程实现。

7.2.3 编写主函数测试上述函数

写一个主函数调用上述两个函数，测试其正确性。

```
#include <stdio.h>
#include<string.h>
int main()
{
    char str[20],*p;
    int flag;
    char s1[100],s2[20];

    printf("请输入一串字符:");
    scanf("%s",str);              /* 从键盘输入一串字符 */
    p=delk(str);                  /* 调用函数 */
    puts(p);                      /* 输出修改后的字符串 */

    getchar();
    printf("请输入字符串s1:");
    gets(s1);                     /* 读取字符串 s1 */
    printf("请输入词s2:");
    gets(s2);                     /* 读取指定词 s2 */
    flag=find(s1,s2);             /* 调用函数 */
    if(flag!=-1)
        printf("词%s 第一次出现的位置为 %d\n",s2,flag);
                                  /* 如果s1中出现s2,输出第一次出现的位置 */
    else
        printf("%s 中无词%s\n",s1,s2);
    return 0;
}
```

7.3 实验内容扩展

1）程序功能：将输入的十进制整数 n 通过函数 DtoH 转换为十六进制数，并将转换结果以字符形式输出。例如：输入十进制数 79，将输出十六进制数 4f。下面的程序有错误，请调试并更正。

```
#include <stdio.h>
#include <string.h>

char trans(int x)
{
    if (x < 10)
        return '0' + x;
    else
        return 'a' + x;
}
int DtoH(int n, char* str)
{
    int i = 0;
    while (n != 0)
    {
        str[i] = trans(n % 16);
        n %= 16;
        i++;
    }
    return i-1;
}
int main()
{
    int i, k, n;
    char* str;
    scanf("%d", &n);
    k=DtoH(n, str);
    for (i = 0; i <= k; i++)
        printf("%d", str[k - i]);
    return 0;
}
```

2）定义函数 void Merge(int a[], int n, int b[], int m)，参数 a、b 为一维数组，数组中的数据都为升序排列，n 和 m 分别为它们的元素个数。函数的功能为：将数组 a 和 b 合并为一个数组，合并后的结果存放于数组 a 中，要求合并后的数组 a 仍旧为升序序列。请编程实现，并编写 main 函数对其测试。

实验 8 字符串与指针

8.1 实验目的和要求

1）掌握用指针进行函数参数传递的方法。
2）掌握指针数组和二维数组间的关系以及进行参数传递时的写法。
3）编写实验报告。

8.2 实验内容

8.2.1 字符串左移

编写一个函数 void str(char *name, int n)，实现将字符串 name 向左移位 n 次，例如，字符串 abcd 向左移位 2 次后的结果为 cdab。

```
void str(char* name, int n)
{
    char ret;
    int i,len = strlen(name);
    n = n % len;
    while (n--)
    {
        ret = name[0];
        i = 0;
        for (i = 0; i < len - 1; i++)
            name[i] = name[1+i];
        name[i] = ret;
    }
}
```

分析与讨论：
尝试使用指针型函数改写原函数。

8.2.2 相同字符串查找

编写函数 void search(char *s1,char *s2,char *s3)。函数 search() 从已知两个字符串 s1 与 s2 中找出它们都包含的最长的单词放入字符串 s3，约定字符串中只有小写字母和空格字符，单词用 1 个或 1 个以上的空格分隔。

```
void search(char *s1,char *s2,char *s3)
{
    int i,j=0,len=0;
    char *p,temp[80];
    for(i=0;s1[i]!='\0';i++)
    {
        if(isalpha(s1[i])&&(isspace(s1[i+1])||s1[i+1]=='\0'))
        {
            strncpy(temp,s1+j,i-j+1);
            temp[i-j+1]='\0';p=strstr(s2,temp);
            if(p)
            {
                if(!isalpha(*(p+strlen(temp)))&&!isalpha(*(p-1)))
                    if(len<i-j+1)
                    {
                        strcpy(s3,temp);
                        len=i-j+1;
                    }
            }
        }
        if(isspace(s1[i])&&isalpha(s1[i+1]))
            j=i+1;
    }
}
```

分析与讨论：

search()函数中查找字符比对算法的写法有没有更好的，请查资料，并实验。

8.2.3 编写主函数测试上述函数

编写一个主函数，测试上述两个函数的正确性。

```
#include<stdio.h>
#include <ctype.h>
int main()
{
    char s1[80] = { "world peace" };
    char s2[80];
    char s3[80];
    printf(" 测试search函数 \n");
    printf(" 请输入第一个字符串 \n");
    gets(s1);
    getchar();
    printf(" 请输入第二个字符串 \n");
    gets(s2);
    search(s1,s2,s3);
    puts(s3);

    printf(" 测试str函数 \n");
```

```
        printf(" 请输入位移次数 \n");
        int n;
        scanf("%d", &n );
        printf(" 位移前 \n%s\n 位移后 \n", s1);
        str(s1, n);
        printf("%s\n", s1);
}
```

分析与讨论：

1）main 函数中的 gets(s1) 和 gets(s2) 之间的 getchar() 起什么作用？如果该语句删除，观察会发生什么现象。

2）思考"char *s"和"char s[]"的区别。

8.3　实验内容扩展

1）程序功能：从键盘上输入两个字符串 s1 和 s2，将字符串 s1 和 s2 各自的前半部分和后半部分逆着对调后，再将 s2 连接到 s1 的后面，并输出最终的字符串 s1。例如：输入"student"给 s1，输入"teacher"给 s2，最终输出的应该是："tnedutsrehcaet"。要求不能调用字符串库函数 strcat。下面的程序有多处错误，请调试该程序，并改正。

```
    #include <stdio.h>
    #include <string.h>

    void swap(char* s)
    {
        int i, len;
        char temp;

        len = strlen(s);
        for (i = 0; i <= len / 2; i++);
        {
            temp = *(s + i);
            *(s + i) = *(s + len - 1 - i);
            *(s + len - 1 - i) = temp;
        }
    }

    void mystrcat(char* s1, char* s2)
    {
        int i;
        int j;

        for (i = 0; *(s1 + i) != '\0'; i++);
        for (j = 0; *(s2 + j) != '\0'; j++)
```

```
        {
            *(s1 + i) = *(s2 + j);
        }
}

int main()
{
    char s1[80];
    char s2[80];

    printf("Please inout two strings\n");
    scanf("%s%s", &s1, &s2);
    swap(s1);
    swap(s2);
    mystrcat(s1[100], s2[100]);
    printf("The final string is: %s\n", s1);
    return 0;
}
```

2）输入一个字符串，内有数字和非数字字符，例如：

A123cdf   456.78cpc876.9er   849.1

将其中连续的数字作为一个实数，依次存放到数组 a 中。例如 123 存放在 a[0]，456.78 存放在 a[2]，以此类推，统计共有多少个数，并输出这些数。

实验 9 结 构 体

9.1 实验目的和要求

1）掌握结构体的定义、数据输入方法。
2）掌握结构体成员变量的两种访问方法。
3）掌握编写程序完成单链表的建立和查询的方法。
4）编写实验报告。

9.2 实验内容

9.2.1 建立单链表

编写一个建立单链表的函数。设链表的表元素信息包含学号、姓名、一门课的成绩；写一个按照学号查询学生成绩的函数；最后写一个主函数，它先调用建立函数，再调用查询函数，显示查到的学生的姓名和成绩。

```
#include<stdio.h>
#include<stdlib.h>
struct node{                          /* 学生信息结构的定义 */
    int num;
    char name[20];
    int grade;
    struct node *next;
};
struct node *Creat();                 /* 新建链表 */
void Search(struct node *head);       /* 查找 */
int main()
{
    struct node *head;
    head=Creat();
    Search(head);
    return 0;
}

struct node *Creat()                  /* 新建链表 */
{
    struct node *head,*p,*tail;
    head=NULL;
    while(1){
```

```c
        p=(struct node *)malloc(sizeof(struct node));  /* 申请空间 */
        if(p==NULL){
            printf("申请空间失败!");
            break;
        }
        printf("请输入学号:(输入0结束)");
        scanf("%d",&p->num);
        if(p->num==0)
            break;
        printf("请输入姓名:");
        scanf("%s",p->name);
        printf("请输入成绩:");
        scanf("%d",&p->grade);
        p->next=NULL;
        if(head==NULL)              /* 如果头结点为空,新插入结点成为头结点 */
            head=p;
        else
            tail->next=p;
        tail=p;                     /* 将新插入结点作为尾结点 */

    }
    return head;
}

void Search(struct node *head)    /* 查找操作 */
{
    struct node *p;
    int m;
    printf("请输入要查询学生的学号:");
    scanf("%d",&m);
    if(head==NULL){                 /* 判断链表中是否有信息 */
        printf("没有记录!");
        exit(0);
    }
    for(p=head;p;p=p->next)
        if(p->num==m){
            printf("\t学号\t姓名\t成绩\n");
            printf("\t%d\t%s\t%d\n",p->num,p->name,p->grade);
                                    /* 输出查询学生信息 */
            break;
        }
    if(p==NULL)
        printf("无此学生信息!\n");
}
```

分析与讨论:

1)新建链表时,需要采用动态空间申请函数 malloc,同时注意链表建立的时候需要区分原先链表是否为空以及链接怎样维护数据之间的连接关系。这里特别补充一下 malloc 函数的使用方法和注意点，malloc 函数的原型为"void *malloc(size_t size);"，使用时要注意以下几点：

- 其所在的头文件为 stdlib.h，所以使用之前必须通过 #include <stdlib.h> 将其包含进来。
- 参数 size 必须为需要申请的字节数，所以通常的写法应该是 sizeof(类型)*需要的元素个数，比如需要申请4个元素的整型数组，应该写成：sizeof(int)*4。
- 返回值为 void*，所以使用之前必须对其进行强制类型转换，转换成需要的数据类型。所以申请4个元素的整型数组的标准写法为：

```
if ((p=(int*)malloc(sizeof(int)*4)) == NULL)
{
    printf("Allocating the memory is failed");
}
```

2）查询学生信息时，注意链表的遍历方法，以及怎样判断链表的结束和怎样判断链表是否为空。

3）考虑链表中插入和删除元素时指针的变化情况，以及删除链表时该如何操作。

4）访问结构体成员变量时，什么情况下应该使用操作符"."，什么情况下应该使用操作符"->"？

9.2.2 计算两个时刻的差

编写程序，定义一个时间结构体类型，输入两个时刻，计算时间差。

```
#include<stdio.h>
#include<math.h>
int n;
struct on
{
    int x,y,z,d;
}a[100001],temp;
int cmp(on a,on b)
{
    if(a.d<b.d) return 1;
    else if(a.d==b.d&&a.x<b.x) return 1;
    else if(a.d==b.d&&a.x==b.x&&a.y<b.y) return 1;
    else if(a.d==b.d&&a.x==b.x&&a.y==b.y&&a.z<b.z) return 1;
    else return 0;
}
void sort()
```

```
{
    int i,j;
    for(i=0;i<n-1;i++)
        for(j=i+1;j<n;j++)
            if(!cmp(a[i],a[j]))
            {
                temp=a[i];
                a[i]=a[j];
                a[j]=temp;
            }
}
int main()
{
    int i;
    scanf("%d",&n);
    for(i=0;i<n;i++)
    {
        scanf("%d %d %d",&a[i].x,&a[i].y,&a[i].z);
        a[i].d=sqrt(a[i].x*a[i].x+a[i].y*a[i].y+a[i].z*a[i].z);
    }
    sort();
    for(i=0;i<n;i++)
        printf("%d %d %d\n",a[i].x,a[i].y,a[i].z);
    return 0;
}
```

分析与讨论：

1）注意结构体数组与普通数组在使用方法上的区别。

2）理解 cmp 函数的含义。

3）若 a 数组不是全局数组，那么 sort 函数该如何改写？

9.3　实验内容扩展

1）定义两个结构体 TDate 和 TTime 分别表示日期和时间，TDate 包含年、月、日，TTime 包含时、分、秒。从键盘上输入两个时间点，计算这两个时间点之间的时间间隔。时间点的输入格式为：yy/mm/dd hh:mm:ss。

2）在 9.2.1 节的基础上，实现在链表元素 index 之前插入元素的操作 Insert(struct node* head, int index) 和删除指定位置元素的操作 Delete(struct node* head, int index)，并编写主函数测试。

实验 10 文件操作

10.1 实验目的和要求

1）掌握文件的打开和关闭。
2）精通文件的读写操作。
3）了解文件的定位操作及文件的检测函数。
4）掌握文件的应用。
5）编写实验报告。

10.2 实验内容

10.2.1 给文件加上注释

编写一个程序，读取磁盘上的一个 C 语言程序文件，要求加上注解后再存放到磁盘上，文件可以另外命名。

```
#include<stdio.h>
#include<stdlib.h>
int main()
{
    FILE *p;
/* C语言中需要用两条 "\" 表示路径，读者可根据程序文件的不同设置不同的路径 */
    if( (p = fopen("E:\\c语言编程\\sort.cpp","a"))==NULL)
    {
        printf("Sorry open error!\n");
        exit(0);                            /* 需要包含头文件 <stdlib.h> */
    }

    fprintf(p," 注释：已打开文件 ;");

    if(fclose(p))
    {
        printf("Sorry can't close!\n");
        exit(0);
    }

    return 0 ;
}
```

分析与讨论：

1）由于 C 语言中无法识别字符"\"，因此在给出文件路径时要用转义字符，即"\\"表示"\"，若不写路径则表示该文件在当前目录下。

2）文件操作是外部操作，经常会由于文件位置移动或删除，导致文件无法正常打开等异常操作，所以在打开文件的时候，通常都需要进行异常判断，如下所示：

```c
if( (p = fopen("E:\\C语言编程 \\sort.cpp","a"))==NULL)
    {
        printf("Sorry open error!\n");
        exit(0);                    /* 需要包含头文件 <stdlib.h> */
    }
```

10.2.2　将部分文件内容存成新文件

编写一个程序，将文件 old.txt 从第 10 行起存放到 new.txt 中。

```c
#include<stdio.h>
#include<stdlib.h>

int main()
{
    FILE *p ,*q ;
    int count = 1 ;
    if ( ( (p = fopen("E:\\C语言编程 \\old.txt","r") ) == NULL ) ||
         ( (q = fopen("E:\\C语言编程 \\new.txt","w") ) == NULL ))
    {
        printf("Sorry can't open !\n");
        exit(0);
    }

    while(!feof(p))
    {
        if(fgetc(p)=='\n')
            count++;
        if(count==10)
        {
            while(!feof(p))
            {
                fputc(fgetc(p),q);
            }
            break;
        }
    }
    if( fclose(p) || fclose(q) )
    {
```

```
            printf("Sorry can't close!\n");
            exit(0);
        }
        return 0;
}
```

分析与讨论：

上述实验内容中定位到第 10 行的代码如下：

```
if(fgetc(p)=='\n')
    count++;
if(count==10)
{
    while(!feof(p))
    {
        fputc(fgetc(p),q);
    }
    break;
}
```

请使用帮助查阅 C 语言相关的文件定位函数，了解是否有直接的文件定位函数支持该操作。

10.2.3 输出文本文件中的前 10 条记录数据

编写一个程序，读取 Std.txt 文件，输出前十名学生的姓名、学号以及总分。

```
#include<stdio.h>
struct Std
{
    char name[10];
    char num[10];
    int sum;
};
int main()
{
    int i;
    Std stu[30];
    FILE *f;
    if ((f = fopen("Std.txt", "r")) == NULL)
    {
        printf("Can not open");
        return 0;
    }
    printf("NAME\tNUM\tSUM\n");
    for (i = 0; i < 10; i++)
    {
        fscanf(f, "%s%s%d", stu[i].name, stu[i].num, &stu[i].sum);
```

```c
        printf("%s\t%s\t%d\n", stu[i].name, stu[i].num, stu[i].sum);
    }
    fclose(f);
    return 0;
}
```

10.3 实验内容扩展

1）程序功能：用键盘输入 4 个学生数据，把它们转存到磁盘文件中去。下面给出的程序有错，请调试并更正。

```c
#include <stdio.h>
#define SIZE 4
struct student_type
{
    char name[10];
    int num;
    int age;
    char addr[15];
}stud[SIZE];

void main(void)
{
    int i;
    for(i=0;i<SIZE;i++)
        scanf("%s%d%d%s",stud[i].name, stud[i].num, stud[i].age,stud[i].addr);
    save();
    display();
}

void display()
{
    FILE fp;
    int  i;
    if((fp=fopen("d:\\fengyi\\exe\\stu_dat","rb"))!=NULL)
    {
        printf("cannot open file\n");
        return;
    }
    for(i=0;i<SIZE;i++)
    {
        fread(&stud[i],sizeof(struct student_type),1,fp);
        printf("%-10s %4d %4d %-15s\n",stud[i].name,
        stud[i].num,stud[i].age,stud[i].addr);
    }
    fclose(fp);
}
```

```
void save()
{
    FILE *fp;
    int  i;
    if((fp=fopen("d:\fengyi\exe\stu_dat","wb"))==NULL)
    {
        printf("cannot open file\n");
        return;
    }
    for(i=0;i<SIZE;i++)
    if(fwrite(&stud[i],sizeof(struct student_type),1,fp)!=1)
        printf("file write error\n");
    fclose(fp);
}
```

2）二进制文件 d.dat 中包含若干个整数，用键盘输入一个整数，请在文件中找出该整数的下一个数并输出。若找不到则输出"Not Found！"。

实验 11　ACM 输入控制和典型算法

11.1　实验目的和要求

1）掌握 ACM 多组测试数据输入控制的方法。
2）了解算法在解决实际问题的重要意义。
3）掌握 ACM 中常见的算法实现。
4）编写实验报告。

11.2　实验内容

11.2.1　ACM 多组测试数据输入控制

1. 输入数据不说明有多少组，以 EOF 为结束标志

scanf 函数的返回值就是输入的数据个数，例如输入语句："scanf("%d%d", &a, &b);"如果只输入一个整数，返回值是 1，如果输入两个整数，返回值是 2，如果一个整数都没有输入，则返回值是 –1，即为 EOF。这种输入方式就是不断输入数据，然后处理数据，最后输出结果，程序运行结束的标志就是 scanf 函数的返回值是 EOF。在控制台输入时，当我们按下组合键"Ctrl+Z"或者 F6 键时，就表示一个数据都没输入，scanf 函数返回值为 EOF，这时程序执行完毕。

实验任务：输入下述代码进行输入控制测试。

```
#include <stdio.h>
int main()
{
    int a,b;
    while(scanf("%d%d",&a,&b)!=EOF)
        printf("%d\n",a+b);
    return 0;
}
```

2. 输入数据有 n 组，接下来是相应的 n 组输入数据

这种输入方式是指，规定输入数据的组数是 n 组，每输入一组数据，程序就进行处理，并输出相应的运算结果，然后再输入下一组数据，程序再进行处理，再输出相应的运算结果，直到输入的数据达到 n 组时为止。

实验任务：输入下述代码进行输入控制测试。

```
#include <stdio.h>
int main()
{
    int n,i,a,b;
    scanf("%d",&n);
    for(i=1;i<=n;i++)
    {
        scanf("%d%d",&a,&b);
        printf("%d\n",a+b);
    }
    return 0;
}
```

3. 输入数据不说明有多少组，但以某个特殊输入为结束标志

这种方式与第一种输入方式类似，同样可借助于 while 循环来实现，在 while 循环的循环条件中是输入语句 scanf，只不过不是判断 scanf 函数的返回值是否等于 EOF，而是判断输入的数据是否等于给定的特殊标志。

实验任务：输入下述代码进行输入控制测试。

```
#include <stdio.h>
int main()
{
    int a,b;
    while(scanf("%d%d",&a,&b)&&a!=0&&b!=0)
        printf("%d\n",a+b);
    return 0;
}
```

11.2.2 实现简单递推算法

1. 问题描述

现在有一个大小 n×1 的收纳盒，现在手里有无数个大小为 1×1 和 2×1 的小方块，任务是用这些方块填满收纳盒，请问有多少种不同的方法填满这个收纳盒。

输入描述：

第 1 行是样例数 T。

第 2～2+T-1 行每行有一个整数 n (n ≤ 80)，描述每个样例中的 n。

输出描述：

对于每个样例输出对应的方法数。

样例输入：

3
1
2
4

样例输出：

1
2
5

2. 问题分析与求解

假设木块在盒子里从左向右放置，那么可以总结出：n格的盒子塞满之前有两种情况，一是塞满n-1格的盒子再塞一个1×1的木块，二是塞满n-2格盒子再塞一个1×2的木块，所以塞满n格盒子的方法数就是塞满n-1格和n-2格的盒子的方法数和。

如果定义一个数组dp[n]表示n格塞满的方法数，则能根据分析得到dp[n]=dp[n-1]+dp[n-2]，这便是递推题的核心：递推公式。由此，可以写出如下求解程序。

```c
#include<stdio.h>
long long int dp[85];
int main()
{
    int t,i;
    dp[1]=1;
    dp[2]=2;
    for(i=3;i<=85;i++){
        dp[i]=dp[i-1]+dp[i-2];
    }
    scanf("%d",&t);
    while(t--){
        int n;
        scanf("%d",&n);
        printf("%lld\n",dp[n]);
    }
}
```

3. 问题小结

递推的关键就是需要找到n和n-1的关系，总结出递推关系式。然后初始化几个初始值（比如该题中的dp[1]和dp[2]，即无法通过递推公式求出的值），再进行循环递推即可。

与上面类似的题同样可以使用函数递归完成，但函数递归的运行速度慢于递推，在有时间限制的情况下大多会使用递推方式。但递推方式也有弊端，当空间有限时，数组能够开放的大小无法满足递推公式推到 n 的大小，这个时候就需要使用函数递归的方式解决问题。所以一般情况下会使用一个折中的方式：当 n 小于一定值的时候使用递推方式，当 n 大于一定值后跳出循环使用函数递归方式。

11.2.3 实现离散化算法

1. 问题描述

在平面直角坐标系中，有两个矩形（保证不相交），然后给出第三个矩形，求这两个矩形没有被第三个矩形遮住部分的面积。

题目给出六个坐标，分别表示三个矩形的左下、右上坐标，请输出面积。数据范围为 [-1000,1000]。

样例输入：

```
1 2 3 5
6 0 10 4
2 1 8 3
```

样例输出：

```
17
```

2. 问题分析与求解

求两个矩形与另外一个矩形的未重叠面积大小，很容易想到用模拟来解决。先按照给定矩形坐标进行"染色"，枚举单位正方形判断是否被覆盖。确实可以通过暴力枚举来求解本题，但是真的需要这样模拟吗？最多只有 12 个点会被用到，真的需要去枚举单位区域吗？

显然答案是否定的，我们可以这样考虑，反正至多只有 12 个坐标被用到，为什么不能只用这些坐标包含的 X、Y 值组成不同区域呢？这就是离散化思想。下面我们举一个离散化的例子。假设有一个数组，元素都非常大，而且元素的绝对值之差也很大，我们要对它做一些操作，要将它们的值作为一个新数组的下标。但是我们只关心元素的次序关系，不关心具体大小。

1e9+7	1e8+7	1e9+7	1e7+7	1e9+7	1e9+7	1e9+1	1e9+2

这时候我们就可以使用离散化，因为我们不关心具体数值，只关心大小次序。

我们将大数据映射为方便我们处理的小数据，并且不改变次序。

| 5 | 2 | 5 | 1 | 5 | 5 | 3 | 4 |

本题我们先把坐标排序，然后按大小映射成 1、2、3、4 等单位坐标，再进行"染色"，就可以减少大量不必要的开销。

完整程序如下：

```c
#include<stdio.h>
void swap(int *x,int *y)          //用于交换int型数组中的两个元素
{
    int tmp=*x;
    *x=*y;
    *y=tmp;
}
void sort(int a[])                //手写冒泡排序，若了解C++推荐使用std::sort
{
    for(int i=1;i<=6;i++)
        for(int j=1;j<=6-i;j++)
            if(a[j]>a[j+1]) swap(a+j,a+j+1);
}
int X[7],Y[7];                    //映射数组
struct point
{
    int x,y;
}s[7];                            //存储点
int map[7][7];                    //模拟网格图
int main()
{
    for(int i=1;i<=6;i++)
        scanf("%d%d",&s[i].x,&s[i].y);
    for(int i=1;i<=6;i++)
        X[i]=s[i].x,Y[i]=s[i].y;
    sort(X);
    sort(Y);
    for(int i=1;i<=6;i++)         //将点的坐标离散化
    {
        for(int j=1;j<=6;j++)
            if(s[i].x==X[j]) {s[i].x=j;break;}
        for(int j=1;j<=6;j++)
            if(s[i].y==Y[j]) {s[i].y=j;break;}
    }
    for(int i=1;i<=3;i++)         //进行"染色"
    {
        for(int j=s[i*2-1].x;j<s[i*2].x;j++)
            for(int k=s[i*2-1].y;k<s[i*2].y;k++)
                map[j][k]+=i==3?-1:1;//使得未被覆盖的前两个矩阵区域值为1
```

```
    }
    int ans=0;
    for(int i=1;i<=5;i++)
        for(int j=1;j<=5;j++)
        {
            if(map[i][j]==1) ans+=(X[i+1]-X[i])*(Y[j+1]-Y[j]);
            // 统计答案
        }
    printf("%d",ans);
    return 0;
}
```

3. 问题小结

本题主要运用了离散化思想解决问题，离散化是一种十分巧妙的思想，可以解决不同问题。它通过类似于哈希的方法，将难以处理的数据转化为容易处理的数据。在竞赛中，离散化使用非常广泛。离散化一般在问题求解中起到辅助作用，但有时也需要一定技巧来正确离散化。

11.3 实验内容扩展

11.3.1 0-1 背包问题

题目描述

试设计一个用回溯法搜索子集空间树的函数。该函数的参数包括结点可行性判定函数和上界函数等必要的函数，并将此函数用于解 0-1 背包问题。0-1 背包问题描述如下：给定 n 种物品和一个背包。物品 i 的重量是 wi，其价值为 vi，背包的容量为 C。应如何选择装入背包的物品，使得装入背包中物品的总价值最大？在选择装入背包的物品时，对每种物品 i 只有两种选择，即装入背包或不装入背包。不能将物品 i 装入背包多次，也不能只装入部分的物品 i。

输入

第一行有 2 个正整数 n 和 c。n 是物品数，c 是背包的容量。接下来的一行中有 n 个正整数，表示物品的价值。第三行中有 n 个正整数，表示物品的重量。

输出

将计算出的装入背包物品的最大价值和最优装入方案输出。第一行输出为：

```
Optimal value is
```

样例输入

```
5 10
```

```
6 3 5 4 6
2 2 6 5 4
```

样例输出

```
Optimal value is
15
1 1 0 0 1
```

11.3.2 最少硬币问题

题目描述

设有 n 种不同面值的硬币，各硬币的面值存于数组 T[1:n] 中。现要用这些面值的硬币来找钱。可以使用的各种面值的硬币个数存于数组 Coins[1:n] 中。对任意钱数 $0 \leqslant m \leqslant 20001$，设计一个用最少硬币找钱 m 的方法。

输入

输入的第一行中只有 1 个整数给出 n 的值，第二行起每行 2 个数，分别是 T[j] 和 Coins[j]。最后一行是要找的钱数 m。

输出

程序运行结束时，将计算出的最少硬币数输出。问题无解时输出 –1。

样例输入

```
3
1 3
2 3
5 3
18
```

样例输出

```
5
```

11.4 ACM 平台常见错误提示解读

下面给出一些 ACM 平台使用过程中，常见的错误提示解读，以方便初学者快速上手。

1）Pending：系统忙，你的答案在排队等待。

2）Pending Rejudge：因为数据更新或其他原因，系统将重判你的答案。

3）Compiling：正在编译。

4）Running & Judging：正在运行和判断。

5）Accepted：程序通过！

6）Presentation Error：答案基本正确，但是格式不对。

7）Wrong Answer：答案不对，仅仅通过样例数据的测试并不一定是正确答案，一定还有你没想到的地方。

8）Time Limit Exceeded：运行超出时间限制，检查下是否有死循环，或者应该有更快的计算方法。

9）Memory Limit Exceeded：超出内存限制，数据可能需要压缩，检查内存是否泄漏。

10）Output Limit Exceeded：输出超过限制，你的输出比正确答案长了2倍。

11）Runtime Error：运行时错误，非法的内存访问，数组越界，指针漂移，调用禁用的系统函数。

12）Compile Error：编译错误，请单击后获得编译器的详细输出。

实验 12　综合实验 1——高阶俄罗斯方块游戏

12.1　实验目的和要求

1）实践用 C 语言解决具有一定规模的问题的方法和编程思路。
2）掌握文件操作以及使用第三方库实现简单的图形界面。
3）编写实验报告。

12.2　实验内容

本实验的最终目标是实现一个高阶俄罗斯方块游戏，游戏具有下述功能：

1）游戏账号的登录与注册：用户可选择注册新账号或者登录旧账号。

2）游戏账号数据的保存：建立文本文件记录用户的游戏用户名、密码和各模式的得分。

3）游戏多级菜单选择：一级菜单为起始界面，二级菜单为模式选择，三级菜单为难度选择，四级菜单为结束界面。

4）游戏模式选择：为玩家提供无尽模式、生存模式、闯关模式、残局模式和挑战模式五种游戏模式。

5）游戏难度选择：为玩家每个模式提供多种难度选择，每个模式会有相应的得分倍率，难度越高得分倍率也越高。

6）俄罗斯方块绘制：游戏支持 7 种不同的形状（I 形、L 形、反 L 形、T 形、Z 形、反 Z 形或田形）。

7）俄罗斯方块控制：方块下落时，可通过键盘方向键对当前俄罗斯方块进行控制，支持空格键翻转、"↓"键加速、"←"键左移、"→"键右移。

8）提示功能：能提示下落点、方块轮廓和即将掉落的下一个俄罗斯方块。

9）得分、消除和失败：当某一行满格时，进行消行，并根据一次消除的行数，按既定规则进行记分，当顶行有固定方格时判为失败。

10）用户成绩排名：读取文本文件信息，对用户的最佳成绩进行排名。

11）用户中心：用户可在此总览各模式成绩排名与修改密码。

12）支持图片与音乐音效：可在游戏时加载图片和播放背景音乐并在消行时播放音效。

12.3 程序设计分析

本俄罗斯方块游戏从功能上主要分为九个模块，如图 12-1 所示。

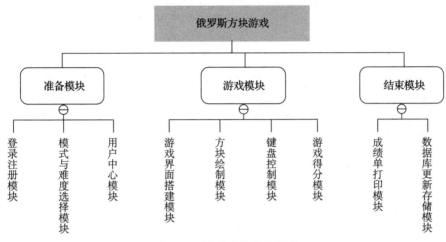

图 12-1 游戏功能模块划分

12.4 程序数据结构设计

程序先定义了多个 `struct` 数据类型（如定义位置信息的 `struct point`、定义用户数据的 `struct Data` 等），之后定义了一些重要的全局常量和变量（如确定游戏运行框架大小的常量等）。

```
// 规划方块运行区域
const int Hang = 20;
const int Lie = 10;
int Area[Hang][Lie] = { 0 };
```

建立一个以左上角为原点、向右为列正方向、向下为行正方向的 10×20 的方格区域。Area 数组用于存储区域内各个方格的状态，0 为空，而非 0 则为方格当前方块的形状，如 Area[15][8]=3 则表示 15 行 8 列有个序号为 3 的方格，不同序号代表不同形状的俄罗斯方块。

```
int Pianx = 36;
int Piany = 64;
```

由于方块运行区域的原点并非 RenderWindow 窗口的 (0,0) 点，所以设置坐标偏移量，偏移量单位为像素。

```c
struct Point{
    int x;
    int y;
}NowBlock[4], BeiYong[4], NextBlock[4], Land[4];
```

每种俄罗斯方块都只由四个方格组成，只需创建大小为 4，内容为点坐标 (x,y) 的结构体缓存即可。以上四种结构体变量分别存储当前方块的摆放、下一状态方块的摆放、下一个方块的形状和下落点方块的摆放。

```c
float level;                  //记录区间速度
float beforelevel;            //记录全局速度
```

在每个游戏状态里基础速度是不变的，但使用"↓"键（加速下落）时会形成短暂的速度变化，而加速完后应该用 beforelevel 恢复速度。

其他具体引入的数据结构和全局常量、变量如下所示：

```c
//定义用户数据结构体
struct Data {
 char Id[20];
 char Key[20];
 int GoalMode[5] = { 0 };
} User[30];
//设置方块形状
int Block[7][4] = {
 {1 , 3 , 5 , 7},             //I 形俄罗斯方块
 {2 , 3 , 5 , 7},             //L 形俄罗斯方块
 {3 , 5 , 7 , 6},             //反 L 形俄罗斯方块
 {3 , 5 , 4 , 7},             //T 形俄罗斯方块
 {2 , 4 , 5 , 7},             //Z 形俄罗斯方块
 {3 , 4 , 5 , 6},             //反 Z 形俄罗斯方块
 {2 , 3 , 4 , 5},             //田形俄罗斯方块
};
//设定基础反应时间
const float Level[5] = { 0.66 ,0.5 ,0.3 ,0.18 ,0.65 };    //设定下落速度
const float Jiasu = 0.05;                                  //设定加速速度
//设置方块偏移量
int Pianx = 36;
int Piany = 64;
//设定加速预备时间
const int Stair[4][9] = {
 {60,60,60,60,60,70,75,85,90},
 {60,50,50,50,60,65,70,75,80},
 {50,50,50,50,50,55,60,63,65},
 {40,30,30,30,40,40,40,40,40},
};
//定义残局方块存放数组
struct pre {
 int pos[Hang][Lie] = { 0 };
```

```
}Problem[10];

bool Play = 0;                          // 验证是否进行游戏
bool Return = 1;                        // 验证是否结束游戏
int Mode = 0;                           // 记录当前游戏模式
int num = 0;                            // 记录有效用户数量
int NowUser = 1;                        // 记录当前用户序号
int Power = 0;                          // 记录游戏得分倍率
int NowType;                            // 记录当前俄罗斯方块形状
int NextType;                           // 记录下一个俄罗斯方块形状
int Speed;                              // 记录速度序号
int Success = 0;                        // 记录消除行数
int Win = 0;                            // 记录游戏得分
char YHM[30], MM[30];                   // 记录输入的用户名与密码
bool Upgrade = 0;                       // 验证是否增加难度
int List[30] = { 0 };                   // 记录各用户成绩位次
int fault[5] = { 0 };                   // 记录用户各模式排名
int Counter = 1;                        // 记录状态时长
int barrier = 0;                        // 记录当前关卡
int Aim;                                // 记录目标分数
int Cloth[Hang][Lie] = { 0 };           // 记录翻面前区域方块状态
bool Face = 1;                          // 记录方块朝向
int L, W;                               // 用于记录数据角标
int a, b;                               // 用于定位区域位置的变量
int i, j;                               // 用于 for 语句的变量
Sound sou;                              // 控制游戏音效的第三方库
Font font;                              // 控制显示字体的第三方库
Text textScore;                         // 控制文本显示的第三方库
Text aimScore;
```

12.5 程序第三方库和函数设计说明

为保证游戏流畅度和界面美观性，采用第三方的 SFML 图形库。需要包含的头文件有（具体的源码库，可以通过我们提供的二维码扫码下载）：

```
#include <SFML/Graphics.hpp>
#include <SFML/Audio.hpp>
```

在实现过程中，采用模块化设计思路，将相对独立的功能封装成了函数，主要函数原型及其功能描述如表 12-1 所示。

表 12-1 主要函数原型和功能描述

序号	函数原型说明	函数功能描述
1	void HideConsoleCursor(void)	隐藏光标
2	void ShowConsoleCursor(void)	显示光标
3	void CursorJump(int x, int y)	光标跳转到点 (x,y)

（续）

序号	函数原型说明	函数功能描述
4	void DrawLine(int x1, int y1, int x2, int y2)	按要求绘制左上角顶点为(x1,y1)，右下角顶点为(x2,y2)的矩形框
5	void Fetch()	从文件读取游戏用户的信息
6	int bingo()	验证游戏用户信息
7	void Update()	更新游戏用户信息
8	void Register()	新游戏用户注册
9	void Login()	游戏用户登录
10	void Center()	显示游戏用户的所有相关信息
11	void Choice()	游戏用户中心功能选择
12	void newType()	生成新的方块
13	void nowDraw(Sprite* blockk, RenderWindow* window)	显示方块
14	void nextDraw(Sprite* blockk, RenderWindow* window)	显示下一个即将到来的方块
15	void drop()	方块下落
16	void move(int x)	方块平移
17	void rotate()	方块转动
18	void GameKey(RenderWindow* window)	按键处理，判断游戏玩家的按键情况，并做出相应的响应
19	void StartChoice()	显示开始选项，并根据用户选项完成相应操作
20	void EndChoice()	结束选项显示
21	void ModeChoice()	模式选择，并根据用户选择模式，进入相应的游戏模式
22	void Prepare()	三级菜单进入函数
23	void LevelChoiceM1()	无尽模式难度选择函数
24	void LevelChoiceM2()	生存模式难度选择函数
25	void LevelChoiceM5()	挑战模式难度选择函数
26	void IntroMode3()	显示闯关模式介绍语
27	void Playing()	显示游戏中提示语
28	void Exit()	显示游戏结束语
29	bool check()	下落合法性判断
30	bool judge()	可行性判断
31	void predict(Sprite* blockk, RenderWindow* window)	下落点方块处理函数

（续）

序号	函数原型说明	函数功能描述
32	void score()	消行与得分函数
33	void Fail()	游戏失败处理函数
34	void show()	分数显示函数
35	void aim()	目标分数显示函数
36	void eraser()	游戏用户密码修改
37	void Rank()	游戏用户成绩排名
38	void research()	游戏用户排名记录
39	void output(int x, int y, int z)	用户排名输出函数
40	void pass()	通关判定与处理函数
41	void add(int i, int x, int y)	添加残局方块
42	void go(Sprite* blockk, RenderWindow* window)	残局方块布置函数
43	void rise()	游戏状态变更
44	void hideAback()	方块翻面函数
45	void note()	方块记忆函数
46	void PrintfAt(int x, int y, char* s)	在指定位置(x,y)输出文本

12.6 程序总体流程

俄罗斯方块游戏总体流程的实现由main函数实现，其中涉及的所有函数和数据结构，在后面将详细讲解。

```
// 游戏主体
void main() {
    HideConsoleCursor();                    // 隐藏光标
    Fetch();                                // 读取硬盘文件
    StartChoice();                          // 进入开始菜单
    ModeChoice();                           // 进入模式菜单
    Prepare();                              // 进入三级菜单
    // 游戏开始
    while(Play) {                           // 游戏开始条件
        Playing();                          // 显示提示语
        srand(time(0));                     // 生成的随机值
        // 创建游戏窗口
        RenderWindow window(                // 创建窗口
            VideoMode(640, 832),            // 窗口大小
            "RussiaGame");                  // 命名窗口
        // 添加游戏背景音乐
```

```cpp
    Music music;                                         // 定义并命名音乐
    music.openFromFile("resource/musicc.wav");           // 调取文件
    music.setLoop(1);                                    // 循环播放
    music.play();                                        // 开始播放
    // 添加消行音效
    SoundBuffer sound;                                   // 定义并命名音效
    sound.loadFromFile("resource/xiaochuu.wav");         // 调取文件
    sou.setBuffer(sound);                                // 加入缓存
    // 添加游戏背景和方块图案
    Texture t1, t2;                                      // 加载图片并命名
    t1.loadFromFile("resource/backk.jpg");               // 载入背景图片
    t2.loadFromFile("resource/blockk.jpg");              // 载入方块图片
    Sprite backk(t1);                                    // 创建精灵并命名
    Sprite blockk(t2);                                   // 创建精灵并命名
    // 生成第一个方块
    NextType = 1 + rand() % 7;                           // 随机生成一种方块
    newType();                                           // 生成第一个方块
    // 生成计时器
    Clock clock;                                         // 定义并命名计时器
    float time;                                          // 定义并命名时间池
    float timer = 0;                                     // 定义并命名时间槽
    // 设置反应速度
    beforelevel = Level[Speed];                          // 设置全局速度
    level = beforelevel;                                 // 设置区间速度
    // 游戏运行
    while (Return) {                                     // 游戏进行条件
        time = clock.getElapsedTime().asSeconds();       // 获取时间
        clock.restart();                                 // 计时器继续
        timer += time;                                   // 更新计时器
        GameKey(&window);                                // 获取按键事件
        if (timer > level) {                             // 判断时间槽是否漫出
            drop();                                      // 方块下落
            timer = 0;                                   // 清空时间槽
            Counter++;                                   // 爬升一级楼梯
            rise();                                      // 判断是否到新楼层
        }
        aim();                                           // 显示目标分数
        pass();                                          // 判断是否通关
        show();                                          // 显示实时分数
        score();                                         // 验证并处理得分行为
        Fail();                                          // 验证并处理失败行为
        level = beforelevel;                             // 恢复全局速度
        // 游戏界面渲染
        go(&blockk, &window);
        window.draw(backk);                              // 显示背景精灵
        window.draw(blockk);                             // 显示界面
        window.draw(textScore);                          // 显示分数
        window.draw(aimScore);                           // 显示目标分数
```

```
            predict(&blockk, &window);          // 显示下落点
            nowDraw(&blockk, &window);          // 显示方块
            nextDraw(&blockk, &window);         // 显示即将落下的方块
            window.display();                   // 刷新并显示窗口
        }
    }
    Exit();                                     // 输出结束语
    return;
}
```

其中涉及音乐、图形界面的操作都是通过第三方库 SFML 的相应库函数将资源加载到游戏中去。比如通过 RenderWindow window 创建指定大小的游戏窗口。

程序通过下述代码实现相关背景图片和方块图片的加载。

```
Music music;                                           // 定义为音乐类型并命名为 music
music.openFromFile("resource/musicc.wav");             // 从资源库中调取
music.setLoop(1);                                      // 设定为可循环播放
music.play();                                          // 播放音乐
SoundBuffer sound;                                     // 定义为音效类型并命名为 sound
sound.loadFromFile("resource/xiaochuu.wav");           // 从资源库中调取
sou.setBuffer(sound);                                  // 载入缓存实现相关背景音乐的加载与播放
Texture t1, t2;                                        // 定义为纹理类型并命名
t1.loadFromFile("resource/backk.jpg");                 // 载入背景图片
t2.loadFromFile("resource/blockk.jpg");                // 载入方块图片
Sprite backk(t1);                                      // 创建精灵并命名
Sprite blockk(t2);                                     // 创建精灵并命名
```

游戏的流程可描述为：在程序运行的开始和结尾分别进行一次文件的读取和保存，然后用户凭借登录或注册通过第一级菜单（开始菜单），然后再经过二级菜单（模式菜单）和三级菜单（难度菜单）为大部分的全局变量赋值，使它们成为游戏参数并开始游戏。正式运行游戏前，将资源库中的本地文件加载到缓冲区中，有图片、音乐、音效等，并设置好全局速度；接着游戏正式运行并让计时器开始计时。接下来，开始侦听键盘按键，获取输入按键类型并做出反应，在循环中，通过计时器获取时间，并累计到时间槽中，接着判断时间槽是否漫出，即是否超出反应时间（速度），若超出，则清空时间槽并让方块下落；并显示实时分数和目标分数。然后，依次判断并处理是否有通关行为、得分行为和失败行为，之后恢复全局时间，渲染方块、背景、实时分数、目标分数、现方块、下落点方块、即将落下的方块，最后刷新并显示窗口，将游戏界面的实时状态显示出来。俄罗斯方块游戏的总体流程图如图 12-2 所示。

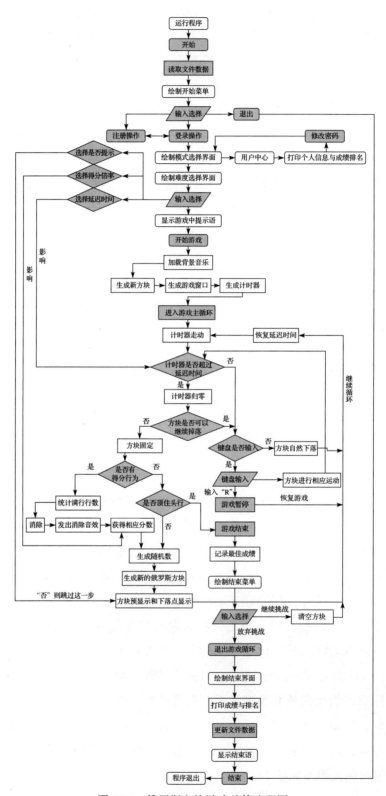

图 12-2 俄罗斯方块游戏总体流程图

12.7 具体功能实现

这节我们将以功能模块为单位，对程序实现的重要细节进行讲解。

12.7.1 游戏辅助操作模块

游戏辅助操作模块包含光标定位、指定位置输出和方框绘制。

1. 光标定位

光标操作模块主要涉及光标隐藏、显示和跳转到指定位置等操作。

为了控制台操作时的美观性，可以对光标进行隐藏，涉及的函数为：

```
// 光标隐藏函数
VOID HideConsoleCursor(VOID) {
    CONSOLE_CURSOR_INFO cursor_info = { 1, 0 };
    SetConsoleCursorInfo(GetStdHandle(STD_OUTPUT_HANDLE),
    &cursor_info);
}
```

在输入的时候，通过光标闪烁提示输入位置，所以这时一般需要通过以下函数显示光标。

```
// 光标显示函数
VOID ShowConsoleCursor(VOID) {
    CONSOLE_CURSOR_INFO cursor_info = { 1, 1};
    SetConsoleCursorInfo(GetStdHandle(STD_OUTPUT_HANDLE),
    &cursor_info);
}
```

`HideConsoleCursor` 和 `ShowConsoleCursor` 函数的主要区别就是 `CONSOLE_CURSOR_INFO cursor_info` 的第二个初始化参数，当参数为 0 表示隐藏光标，为 1 表示显示光标。

为了更好地在控制台显示文本，使用光标强制移动函数，将光标移动到指定位置。
```
// 光标跳转函数
void CursorJump(int x, int y){
    COORD pos;                                    // 定义光标位置的结构体变量
    pos.X = x;                                    // 横坐标设置
    pos.Y = y;                                    // 纵坐标设置
    /* 获取控制台句柄 */
    HANDLE handle = GetStdHandle(STD_OUTPUT_HANDLE);
    SetConsoleCursorPosition(handle, pos);        // 设置光标位置
}
```

函数首先获取控制台句柄，为光标位置赋值，并使控制台的光标移动到此位置，如 CursorJump(20, 20) 则是将光标移动至控制台的点 (20,20) 处。此

函数可结合printf函数实现指定位置文本输出，即void PrintfAtXY(int x,int y,char *s)函数，在位置(x,y)处输出字符串，因为代码中将大量出现此组合所以将其整合成一个函数以简化代码。

2. 指定位置输出

借用CursorJump函数和printf函数完成指定位置输出，涉及的函数为PrintfAtXY，其具体实现如下：

```c
// 指定位置文本输出函数
void PrintfAtXY(int x,int y,char *s) {
    CursorJump(x,y);
    printf("%s",s);
}
```

3. 方框绘制

为了保证控制台界面的美观，借用CursorJump函数，实现方框绘制函数DrawLine，其具体实现为：

```c
// 方框绘制函数
void DrawLine(int x1, int y1, int x2, int y2) {
    CursorJump(x1, y1);
    for (a = x1; a < x2; a++) {
        printf("=");
    }
    printf("┐");
    for (b = y1 + 1; b < y2; b++) {
        PrintfAtXY(x2, b, "|\n");
    }
    PrintfAtXY(x2, y2, "┘");
    PrintfAtXY(x1, y1, "┌");
    for (b = y1 + 1; b < y2; b++) {
        PrintfAtXY(x1, b, "|\n");
    }
    PrintfAtXY(x1, y2, "└");
    for (a = x1 + 1; a < x2-1; a++) {
        printf("=");
    }
}
```

游戏中控制台的所有界面都由此函数绘制而成以达到优化UI的目的。如DrawLine(10, 5, 30, 20)则是以点(10,5)为左上角，点(30,20)为右下角两个位置为对角点绘制方框，具体效果可以参见12.8节。

12.7.2 游戏用户操作相关模块

这里涉及游戏用户注册、登录、用户信息验证、用户信息读取、更新、用户密码修改、用户信息显示等功能，它们的实现分别通过 Register、Login、bingo、Fetch、Update、eraser 和 Center 函数。在这里以几个函数为代表进行了讲解，其他函数的具体实现，请读者自己补充完成。

1. 用户注册

在用户输入完信息后进行验证，如果用户存在则跳转至登录界面，如果注册成功则在文件中写入用户信息：

```
//用户注册函数
void Register() {
    while (!Play) {
        system("cls");
        DrawLine(24, 4, 88, 24);
        DrawLine(25, 5, 87, 9);
        DrawLine(25, 9, 87, 19);
        DrawLine(25, 19, 87, 23);
        PrintfAtXY(47, 7, "欢迎来到注册系统！");
        PrintfAtXY(40, 12, "用户名：        ");
        PrintfAtXY(42, 15, "密码：        ");
        PrintfAtXY(52, 17, "注册");
        PrintfAtXY(35, 21, "正在创建新用户，若用户存在则跳转至登录界面");
        CursorJump(49, 12);
        gets_s(YHM);
        if (YHM[0] == '\0')    continue;
        CursorJump(49, 15);
        gets_s(MM);
        CursorJump(43, 18);
        if (bingo() == 0) {
            num++;
            strcpy(User[num].Id,YHM);
            strcpy(User[num].Key , MM);
            for (i = 0; i < 5; i++) {
                User[num].GoalMode[i] = 0;
            }
            FILE* fp;
            fp = fopen("resource/textt.txt", "ab");
            if (fp == NULL)
                printf("File open error!\n错误代码：Register()");
            for (int i = 0; YHM[i] != '\0'; i++) {
                fputc(YHM[i], fp);
            }
```

```
            fputc('\0', fp);
            for (int i = 0; MM[i] != '\0'; i++) {
                fputc(MM[i], fp);
            }
            fputc('\0', fp);
            for (i = 0; i < 5; i++) {
                fputc(User[num].GoalMode[i], fp);
            }
            fclose(fp);
            Play = 1;
            NowUser = num;
            printf(" 注册成功！ ");
            system("pause");
        }
        else if ( bingo()!=0 ) {
            printf(" 账户已存在 ,");
            system("pause");
            Login();
        }
    }
}
```

2. 验证用户信息

用户输入信息时存在三种情况：用户名错误（注册时用户不存在才可注册），用户名正确而密码错误（注册时为账号已存在），用户名和密码都正确。函数 bingo 通过返回值 x 来指示具体是哪种情况。

```
// 用户信息验证函数
int bingo() {
    int x = 0;
    for (i = 1; i <= num; i++) {
        if (strcmp(YHM, User[i].Id) == 0) {
            x = 1;
            if (strcmp(MM, User[i].Key) == 0) {
                x = 2;
            }
        }
    }
    return x;
}
```

3. 读取用户信息

为了实现登录和排名功能，通过 Fetch 函数将用户信息从文件读入并存储到 User 结构体中。

```c
void Fetch() {
    FILE* fp;
    char str1[20], str2[20], s;
    int g = 0;
    fp = fopen("resource/textt.txt", "rb");
    if (fp == NULL)
        printf("File open error!\n错误代码: Fetch()");
    while ((s = fgetc(fp)) != EOF) {
        num++;
        g = 0;
        str1[g++] = s;
        while ((s = fgetc(fp)) != NULL) {
            str1[g++] = s;
        }
        str1[g] = '\0';
        g = 0;
        while ((s = fgetc(fp)) != NULL) {
            str2[g++] = s;
        }
        str2[g] = '\0';
        for (i = 0; i < 5; i++) {
            User[num].GoalMode[i] = fgetc(fp);
        }
        strcpy(User[num].Id, str1);
        strcpy(User[num].Key, str2);
    }
    fclose(fp);
}
```

12.7.3 游戏模式与难度选择

1. 实现多模式选择

本俄罗斯方块游戏设计有多种模式，包括：

- 无尽模式，这种模式的特点是回味经典，无尽得分。
- 生存模式，这种模式的特点是逐渐加速，体验激情。
- 闯关模式，这种模式的特点是剑指目标，过关斩将。
- 残局模式，这种模式的特点是破局攻关，脑力风暴。
- 挑战模式，这种模式的特点是雷雨之夜，技艺磨炼。

最后程序还提供了个人中心功能，用来查看用户的成绩报表和修改用户密码。

```c
// 模式选择函数
void ModeChoice() {
    bool choice = 0;
    system("cls");
```

```
// 输出矩形框和模式选择提示文本
...
while (!choice) {
    char ch = getchar();
    if (ch > '6' || ch < '1') {
        PrintfAtXY(65, 24, "              ");
        CursorJump(65, 24);
        continue;
    }
    Mode = ch - '0';
    if(Mode==4) Power = 10;
    if (Mode == 6) Center();
    choice = 1;
}
```

获取用户输入并对其进行判定,若无效则清空。继续等待用户输入,有效且不为"6"则将用户的选择记录到全局变量中并进入下一级菜单,若为"6"则进入用户中心。具体效果参见 12.8 节。

2. 实现难度选择

游戏为各种模式都提供了不同难度系数的玩法,用户可以根据自己的水平和喜好进行选择。各模式难度选择方法大同小异,以下介绍无尽模式的难度选择实现。在本游戏实现中,无尽模式的难度选择包括 1)难度:简单;2)难度:正常;3)难度:困难;4)难度:噩梦,每种难度级别下又细分为有提示和无提示两种难度选择。因此,总共有 8 种难度选择,这 8 种难度选择,体现在得分的倍率不一样,难度等级越高得分倍率越高。程序中 8 种难度对应的得分倍率分别设置为:0.6、0.7、1.1、1.6、0.9、1.0、1.5 和 2.3 倍。

```
// 无尽模式难度选择函数
void LevelChoiceM1() {
    system("cls");
    // 输出矩形框和无尽模式难度选择提示文本、得分倍率设置提醒等
    ......
    int GradeM1[8] = { 6, 7, 11, 16, 9, 10, 15 ,23 };
    while (!Power) {
        char ch = getchar();
        if (ch > '8'||ch< '1') {
            PrintfAtXY(62, 18, "              ");
            CursorJump(62, 18);
            continue;
        }
        i = ch - '0';
        Speed = (i + 3) % 4;
```

```
            Upgrade = (i + 3) / 4 - 1;
            Power = GradeM1[i-1];
        }
    }
```

获取用户输入并对其进行判定，若无效则清空，继续等待用户输入，有效则正式开始进入用户选定模式和选定难度的游戏，具体效果参见12.8节。

12.7.4 方块显示

1. 方块形状设置数据结构

我们定义如下的7×4的二维数组表示本游戏中涉及的所有方块形状。

```
int Block[7][4] = {
    {1 , 3 , 5 , 7},              // I 形俄罗斯方块
    {2 , 3 , 5 , 7},              // L 形俄罗斯方块
    {3 , 5 , 7 , 6},              // 反 L 形俄罗斯方块
    {3 , 5 , 4 , 7},              // T 形俄罗斯方块
    {2 , 4 , 5 , 7},              // Z 形俄罗斯方块
    {3 , 4 , 5 , 6},              // 反 Z 形俄罗斯方块
    {2 , 3 , 4 , 5},              // 田形俄罗斯方块
};
```

因为每种俄罗斯方块都由4个子方块组成，且都可以约束在2×4（2表示x方向，4表示y方向）的长方形之内。为了方便描述，我们用数字对长方形方块的8个子方块位置进行编号，分别为0、1、2、3、4、5、6、7。因此，每个俄罗斯方块形状都可以用一个四元组标识，比如T形可以标识为数组元素{3, 5, 4, 7}，如图12-3所示。俄罗斯方块游戏总共有7种形状，所以可以用数组Block[7][4]来存储所有方块的形状。

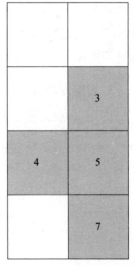

图 12-3 俄罗斯方块 T 形的表示示意图

2. 生成方块

方块生成函数的源代码如下所示：

```
void newType(){
    NowType = NextType;
    NextType = 1 + rand() % 7;           // 生成一个 1 到 7 的随机数
    int n1 = NowType - 1;                // 记录方块种类
    int n2 = NextType - 1;
    for (i = 0; i < 4; i++){
        NowBlock[i].x = Block[n1][i] % 2;  // 赋予各个方块的 x 坐标
```

```
            NowBlock[i].y = Block[n1][i] / 2;        //赋予各个方块的y坐标
            NextBlock[i].x = Block[n2][i] % 2;
            NextBlock[i].y = Block[n2][i] / 2;
            Land[i].x= Block[n1][i] % 2;
            Land[i].y= Block[n1][i] / 2;
        }
    }
```

如图 12-3 所示，用数字对 2×4 的长方形之内的 8 个子方块位置进行编号。每个子方块具体位置是一个 struct point 类型的结构体变量，存储着该点的 x 和 y 坐标。在本程序中，可以通过 Block 数组中对应元素的值转换成该点对应的坐标。如图 12-4 所示将 2×4 的长方形之内的 8 个子方块位置坐标表示了出来。比如 T 形对应的数组元素 {3, 5, 4, 7}，其中 5 对应的 x 和 y 的坐标分别为：5%2=1，5/2=2，所以数字 5 可转化为坐标 (1,2)。在 main 函数中已为第一个 NextType 赋值，所以每次执行 NowType=NextType 时都有意义，而设立 NextType 的意义在于使游戏具有提示功能，能提前通过产生随机数的方式确定下一个方块的类型。

(0, 0)	(1, 0)
(0, 1)	(1, 1)
(0, 2)	(1, 2)
(0, 3)	(1, 3)

图 12-4　用坐标表示子方块的位置

3. 当前方块显示

```
void nowDraw(Sprite *blockk,RenderWindow *window){
    for (a = 0; a < Hang; a++){
        for (b = 0; b < Lie; b++){
            if (Area[a][b] != 0) {
                blockk->setTextureRect(IntRect(Area[a][b] * 36, 0,
                36, 36));
                blockk->setPosition(b * 36, a * 36);
                blockk->move(Pianx, Piany);
                window->draw(*blockk);
            }
        }
    }
    for (i = 0; i < 4; i++){
        blockk->setTextureRect(IntRect(NowType * 36, 0, 36, 36));
        blockk->setPosition(NowBlock[i].x*36, NowBlock[i].y*36);
        blockk->move(Pianx, Piany);
        window->draw(*blockk);
    }
}
```

上述代码创建了两个指针，一个指向纹理，另一个指向窗口。首先为了保持游戏画面固定的方块一直显示着，便编写了前半段函数，其中第三方库的成员函数 IntRect(Area[a][b] * 36, 0, 36, 36) 指在纹理 (Area[a][b]*36) 像素处取一个 36×36 的图块作为方格的图片，而 Area[a][b] 中存储的数则为方块的种类，即取第几种颜色。后两句 bolckk->setPosition(b * 36, a * 36);blockk->move(Pianx, Piany);则是将方块赋予在窗口 (b*36+Pianx, a*36+Piany) 的位置上，然后显示在窗口上。而后半段函数显示为固定的方块，原理一致。游戏中用到的方块颜色图片，如图 12-5 所示。

图 12-5　游戏中用到的方块颜色图片

4. 提示方块的显示

```
void nextDraw(Sprite* blockk, RenderWindow* window) {
    if (!Upgrade) {
        for (i = 0; i < 4; i++) {
            blockk->setTextureRect(IntRect(NextType * 36, 0,
                                    36, 36));
            blockk->setPosition(NextBlock[i].x * 36,
                                NextBlock[i].y * 36);
            blockk->move(485, 54);
            window->draw(*blockk);
        }
    }
}
```

与 nowDraw 函数的实现原理相似，只是将下一个俄罗斯方块显示在窗口的右上角作为提示。

5. 下落点预显示

```
void predict(Sprite* blockk, RenderWindow* window) {
    for (i = 0; i < 4; i++) {
        Land[i] = NowBlock[i];
    }
    while (judge()) {
        for (i = 0; i < 4; i++) {
            BeiYong[i] = Land[i];
            Land[i].y ++;
        }
    }
```

```
        for (i = 0; i < 4; i++) {
            Land[i] = BeiYong[i];
        }
        if ((Mode==1&&!Upgrade)||(Mode==5&&Face)
            ||(Mode!=1&&Mode!=5)){
            for (i = 0; i < 4; i++) {
                blockk->setTextureRect(IntRect(8 * 36, 0, 36, 36));
                blockk->setPosition(Land[i].x * 36, Land[i].y * 36);
                blockk->move(Pianx, Piany);
                window->draw(*blockk);
            }
        }
    }
```

与 nowDraw 函数的实现原理相似，下落点预显示就是将现方块向下延伸直至踩到方块，再用另外一种图案替换并显示在窗口上，但该区域在 check() 中判定为可放置。

12.7.5 键盘控制

游戏主要是通过键盘控制，"←"键左移、"→"键右移、空格键旋转、"↓"键加速。程序通过 GameKey 函数来判断用户按键情况，并根据按键种类进行对应的操作，具体实现如下：

```
void GameKey(RenderWindow *window){
    bool XuanZ = 0;
    int dx = 0;
    Event e;
    while (window->pollEvent(e)) {
        if (e.type == Event::KeyPressed) {
            switch (e.key.code) {
            case Keyboard::Space:
                XuanZ = 1;
                break;
            case Keyboard::Left:
                dx = -1;
                break;
            case Keyboard::Right:
                dx = 1;
                break;
            case Keyboard::R:
                system("cls");
                DrawLine(30, 10, 80, 16);
                PrintfAtXY(39, 13, "游戏界面已冻结,");
                system("pause");
                Playing();
                break;
```

```
                case Keyboard::Down:
                    for (i = 0; i < 4; i++) {
                        NowBlock[i]=Land[i] ;
                    }
                    break;
                default:
                    break;
            }
        }
        if (dx)    move(dx);
        if (XuanZ)    rotate();
        dx = 0;
        XuanZ = 0;
    }
}
```

12.7.6 方块动作控制

在俄罗斯方块游戏中，方块的运动主要有方块旋转、方块左右移动、方块下落，以及与之相关的辅助操作：方块移动合规性判断。

1. 方块下落

```
void drop() {
    for (i = 0; i < 4; i++){
        BeiYong[i] = NowBlock[i];
        NowBlock[i].y += 1;
    }
    if (check() == 0) {                    //如果无法继续下落
        for (i = 0; i < 4; i++) {
            /* 则固定方块位置 */
            Area[BeiYong[i].y][BeiYong[i].x] = NowType;
        }
        newType();
    }
}
```

当时间槽漫出，将执行 drop() 函数，即让方块下落。使用 check() 判断合法性，不合法则还原数组并生成新方块，为相应位置赋值以固定方块，此时窗口未刷新，方块仍然在合法位置。

2. 方块左右移动

```
void move(int x) {
    for (i = 0; i < 4; i++) {
        BeiYong[i] = NowBlock[i];
        NowBlock[i].x += x;
    }
```

```
        if (check() == 0) {
            for (i = 0; i < 4; i++) {
                NowBlock[i] = BeiYong[i];
            }
        }
    }
```

平移与下落同理，但是要获取实参并让现方块的 x 坐标做出相应变化。

3. 方块旋转

下落与平移皆为简单的加减，且对所有形状都适用。但是在转动中不同形状的转动效果不同，而且不同的摆放也有不同的转动效果。由于最开始定义方块形状存放数组时只划出了 2×4 的大小，所以解决转动问题要直接从方格位置入手，让四个方格的位置直接移动到相应位置。程序中使用数学中的点绕中心点转动公式，即点 (x,y) 绕点 (px,py) 逆时针旋转 a 度的坐标 (xx,yy) 可计算为：xx=(x-px)*cos a-(y-py)sin a+px, yy=(x-px)*sin a+(y-py)*cos a+py。设定 tempx、tempy、Pointx 和 Pointy 分别记录转动前的 (x,y) 坐标和中心点的坐标，这些参数代入数学公式后得到的结果赋值给现数组则实现了方块的快速转动。

```
void rotate(){
    int tempx, tempy;
    int Pointx,Pointy;
    if (NowType == 7) return;           // 田形不应转动
    for (i = 0; i < 4; i++){
        BeiYong[i] = NowBlock[i];
        tempx = NowBlock[i].x; tempy = NowBlock[i].y;
        Pointx = NowBlock[1].x; Pointy = NowBlock[1].y;
        NowBlock[i].x = Pointx - tempy + Pointy;
        NowBlock[i].y = tempx - Pointx + Pointy;
    }
    if (check() == 0) {
        for (i = 0; i < 4; i++) {
            NowBlock[i] = BeiYong[i];
        }
    }
}
```

4. 合法性判断

因为不规则方块的碰撞方式多种多样，所以创建备用数组 BeiYong[4] 来存储方块变化前的位置，然后让 NowBlock 数组去变化，届时出现这四种非法行为则进行归位操作，即使用 BeiYong 数组来还原，这样将节省大量需移动前判断合法性而考虑不规则形状的碰撞带来的代码。

```
bool check() {
    for (i = 0; i < 4; i++) {
        if (NowBlock[i].x < 0
        || NowBlock[i].x >= Lie
        || NowBlock[i].y >= Hang
        || (Area[NowBlock[i].y][NowBlock[i].x] != 0
        &&  Area[NowBlock[i].y][NowBlock[i].x] != 8) )
            return 0;
    }
    return 1;
}
```

12.7.7 游戏得分、消除与失败判定

1. 得分与消除

得分与消除都基于判断是否满行，满行则直接将该行以上固定的方块下移以覆盖该行，并播放消行音效，得分公式为：实时分数(Win)+=得分倍率(Power)*(2*消除行数(Success)-1)+10(基础得分)*额外得分(Extra)。

```
void score() {
    int g, h;
    int Num = 0;
    int Extra = 0;
    Success = 0;
    for (a = Hang-1; a > 0; a--) {
        Num = 0;                              // 定义并重置Num
        for (b = 0; b < Lie; b++){
            if ( Area[a][b] != 0
            &&  Area[a][b] != 8 ) Num ++;     // 记录每行方块数量
            else  b = Lie;
        }
        if (Num == Lie) {
            for (b = 0; b < Lie; b++) {
                if (Area[a][b] == 9) Extra++;
            }
            Success++;
            sou.play();
            for (g = a; g > 0; g--) {
                for (h = 0; h < Lie; h++) {
                    Area[g][h] = Area[g - 1][h];
                }
            }
        }
    }
```

```
        if(Success) Win += Power * (2 * Success - 1)+10 * Extra;
        char str[16];
        sprintf_s(str,"%d",Win);
        textScore.setString(str);
}
```

2. 分数显示

结合 SFML 图形库和 resource 文件夹中的 TTF 文件字体,通过 show 函数和 aim 函数分别在游戏窗口上显示实时分数与目标分数,具体代码如下。

```
void show() {
    if (!font.loadFromFile("resource/Adorable.TTF"))   exit(1);
    textScore.setFont(font);
    textScore.setCharacterSize(40);
    textScore.setFillColor(sf::Color::Black);
    textScore.setStyle(sf::Text::Bold);
    textScore.setPosition(516, 273);
    textScore.setString("0");
}

void aim() {
    if (Mode == 3) {
        Aim = 5*barrier + 30;
        char str[16];
        sprintf_s(str, "%d", Aim);
        aimScore.setString(str);
        if (!font.loadFromFile("resource/Adorable.TTF"))
            exit(1);
        aimScore.setFont(font);
        aimScore.setCharacterSize(70);
        aimScore.setFillColor(sf::Color::Black);
        aimScore.setStyle(sf::Text::Bold);
        aimScore.setPosition(165, 145);
    }
}
```

3. 失败判定

失败判定即判断顶行是否有固定的方块,若有则判断为这场游戏失败,接着清空 Area 数组并记录最佳分数并更新本地文件数据,最后以 Play=0 来跳出游戏主循环,并开启结束模块。失败判定函数 fail 的实现代码如下:

```
void Fail(){
    for (b = 0; b < Lie; b++) {
        if (Area[1][b] != 0 ) {
            for (i = 0; i < Hang; i++) {
                for (a = 0; a < Lie; a++) {
```

```
                    Area[i][a] = 0;
                }
            }
            if (Mode == 3) {
                int money = 5;
                Win = 0;
                for (i = 1; i <= barrier; i++) {
                    Win += money+barrier/4;
                }
            }
            if( User[NowUser].GoalMode[Mode-1] <Win )
                User[NowUser].GoalMode[Mode-1] = Win ;
            Play = 0;
            Update();
            EndChoice();
            if (Play == 0) {
                system("cls");
                // 输出玩家得分，该模式下的玩家排行榜，以及游戏结束信息
                ...
                system("pause");
                Return = 0;
            }
        }
    }
}
```

12.7.8 排名与成绩

1. 打印成绩单

在游戏结束后用户可选择继续挑战，即重新开始一场游戏，若选择退出游戏则为用户打印一份游戏总结成绩单，具体的游戏用户排名由 Rank 函数实现。

```
void Rank() {
    int order = 0;
    for (a = 1; a <= num; a++) {
        for (b = 1; b <= num; b++) {
            if (User[a].GoalMode[Mode-1]
                >=User[b].GoalMode[Mode-1])
                List[a]++;
        }
    }
    for (a = num; a >0; a--) {
        for (b = 1; b <= num; b++) {
            if (List[b] ==a) {
                if (!User[b].GoalMode[Mode - 1])  a = 0;
                else {
                    CursorJump(42, 9 + order);
```

```
                order++;
                printf("%d. %s", order, User[b].Id);
                CursorJump(60, 9 + order - 1);
                printf("%d", User[b].GoalMode[Mode - 1]);
            }
        }
    }
}
```

排名时用到的数据来自本地文件，再加载到缓冲区的数组中，在游戏中可随时调用。

2. 用户排名记录

用户中心可查看该账号各个模式的排名，只需要进行简单统计即可，research 函数实现用户排名记录。

```
void research() {
    for (i = 0; i < 5; i++) {
        fault[i] = 0;
        for (j = 1; j <= num; j++) {
            if ( User[NowUser].GoalMode[i] < User[j].GoalMode[i] )
                fault[i]++;
        }
        fault[i]++;
    }
}
```

12.7.9 模式拓展

1. 生存模式

为了增加可玩性，实现了另外四种游戏模式。生存模式主要考验玩家在高速下的应变反应能力和低速下提前布局的大局观。游戏中反应时间将逐级缩短，即下落速度逐级变快，不同难度提供不同的加速度。当时间槽每漫出一次将上升一级楼梯（Counter），每个楼层间和不同难度有不同级数，这便是加速度。当到达新楼层且未到达顶楼时，会降低一次反应速度以加快下落速度，实现生存模式效果，具体由 rise 函数实现。

```
void rise(){
    if (Counter > Stair[L][W] && (Mode == 2 || Mode == 5)
        && level > 0.2) {
        Counter = 0;
        W++;
        if (Mode == 2) beforelevel -= 0.05;
```

```
            hideAback();
    }
}
```

2. 挑战模式

挑战模式与生存模式运行原理相似,即一段时间后改变游戏状态,挑战模式则为执行一次翻面。挑战模式主要考验的玩家的记忆力与危机处理能力。此模式中每过一段时间将让方块翻面一次,即方格在有颜色与白色间转换以达到显现与隐藏,用 Face 记录当前方块朝向,鉴于完全隐藏对于绝大多数玩家过于困难,所以隐藏时只将翻面前已经固定的方块隐藏。具体由 hideAback 函数实现。

```
void hideAback() {
    if ( Mode == 5 ) {
        if ( Face ) note();
        for (i = 0; i < Hang; i++) {
            for (j = 0; j < Lie; j++) {
                if ( Area[i][j] && Face )   Area[i][j] = 10;
                else if (Area[i][j] == 10 && !Face)
                    Area[i][j]=Cloth[i][j];
            }
        }
        Face = 1 - Face;
    }
}
```

3. 闯关模式

闯关模式主要考验玩家在低倍率下提前布局的大局观、防止分数溢出的处理能力和大量方块合理布局的应对能力。此模式随着分数的增加,会通过层层关卡,此时方块下落速度缓慢增加,通关得分也缓慢增加,当分数超过目标分数时则进入下一关,鉴于传统闯关模式比较单调,此程序设计的闯关模式通关后方块将不会重置,此举主要是为了让玩家懂得布局得分以防止关卡分数溢出。当得分超过目标分数时,表明已通关。

```
void pass() {
    if (Mode == 3) {
        if (Win >= Aim) {
            barrier++;
            Win = 0;
        }
        beforelevel = 0.6 - 0.05 * (barrier / 4);
    }
}
```

4. 残局模式

残局模式主要考验玩家对不利局面的化解能力和高压环境下的破局能力。此模式原理简单，即在游戏开始前在游戏区域内提前布局好残局方块即可，此外在 score() 函数中 Extra 代表消除残局方块的数量，即消除残局方块有额外加分。

```
void go(Sprite* blockk, RenderWindow* window) {
    if (Mode == 4 && !Win) {
        // 添加残局方块
        add(0, 19, 3);
        ...
        for (i = 0; i < Hang; i++) {
            for (int j = 0; j < Lie; j++) {
                if (Problem[barrier].pos[i][j]) {
                    Area[i][j] = 9;
                    blockk->setTextureRect(IntRect(9*36,0,36,36));
                    blockk->setPosition(i * 36, j * 36);
                    blockk->move(Pianx, Piany);
                    window->draw(*blockk);
                }
            }
        }
    }
}
```

12.8 游戏测试和效果展示

本节将展示实验的运行效果。运行程序，将首先展示游戏的一级菜单，包括注册、登录和退出三个菜单选择，效果如图 12-6 所示。

图 12-6 游戏运行后的一级菜单界面

假定我们已经注册了一些用户,选择2进行登录,将进入登录界面,如图 12-7 所示。

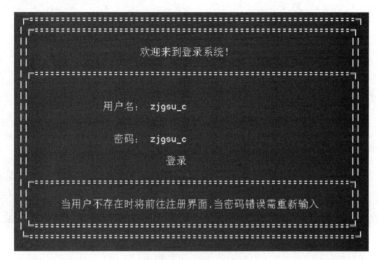

图 12-7 登录界面

登录后,按任意键,将进入游戏的二级菜单界面:游戏模式选择。如图 12-8 所示,本高阶俄罗斯方块游戏提供了 5 种游戏模式和 1 个个人中心的功能。

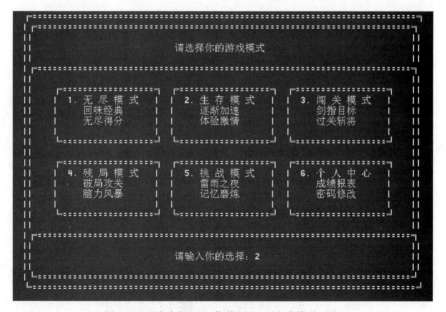

图 12-8 游戏的二级菜单界面:游戏模式选择

当选择游戏模式后(如选择了 2 进入生存模式)将进入游戏的三级菜单界面:难度选择。如图 12-9 所示,本高阶俄罗斯方块游戏提供了 4 种难度级别。选择任何一种难度将正式开始游戏。

图 12-9 游戏的三级菜单界面：游戏难度级别选择

当选择 2 正常难度级别，就将正式开始游戏。图 12-10、图 12-11 和图 12-12 分别表示游戏刚开始时的初始状态界面、已经获得一些得分时的界面和游戏失败时的界面。

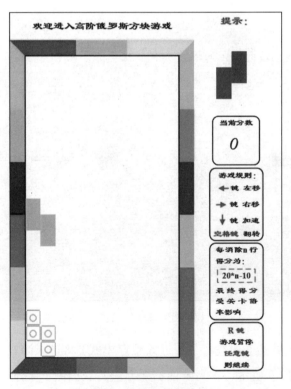

图 12-10 游戏开始时的界面

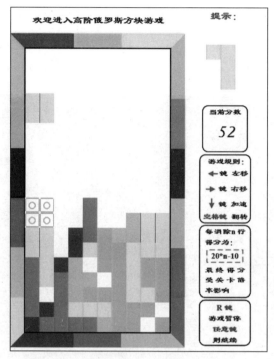

图 12-11 游戏获得一些得分时的界面

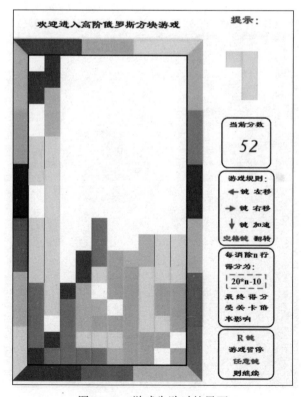

图 12-12 游戏失败时的界面

当游戏到达了图 12-12 所示的游戏界面，程序的激活窗口将切换到 Console 环境下的界面如图 12-13 所示，提示游戏已经结束。用户可以选择继续挑战，也可以退出游戏，当选择 2 退出游戏时，则输出游戏排行榜，如图 12-14 所示。

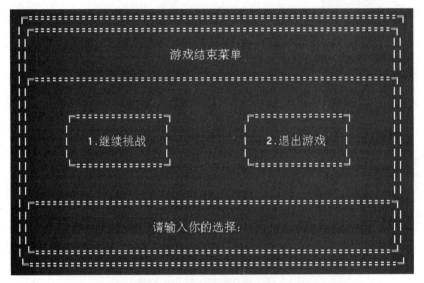

图 12-13　游戏结束菜单界面

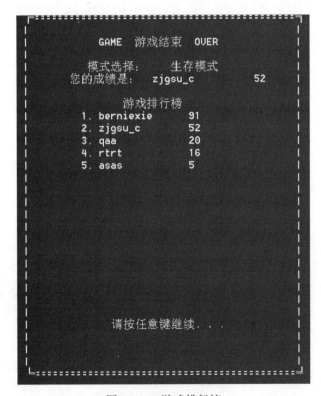

图 12-14　游戏排行榜

12.9 实验内容扩展

1. 猜拳游戏

猜拳游戏包括"开始游戏""查看排行榜"两个主要功能。

（1）开始游戏

每个用户的初始积分为 100 金币。

1）每一轮猜拳游戏，用户首先输入押入这轮的金币数（最大不可超过剩余金币数），如果赢得本轮，获得相应金币数；若输，损失相应金币数。

2）提示信息让用户输入一个 1～3 之间的值，其值事先设定为：1 表示石头，2 表示剪刀，3 表示布。程序随机生成 1～3 其中之一，然后与用户输入的值进行比较，根据猜拳游戏规则来判定，输出显示胜或败，并调整金币值。

3）提示是否还要继续玩游戏？如果输入 Y 或者 y，则进行下一轮猜拳（返回步骤1）。如果输入 N 或 n，则与排行榜中的前五名玩家的游戏记录比较，如果排名能够进入前五名，则提示用户输入玩家姓名，更新排行榜，退出程序。

（2）查看排行榜

在查看排行榜功能中，用户可以查看当前的游戏排行，排行榜中总共显示前 5 名玩家姓名和金币数。

2. 扫雷游戏和虚数海战

（1）扫雷游戏

玩家用鼠标点的是无雷区，而不是雷区。数字表示里面无雷区的数量和排布。数字之间间隔的是雷区，数目不确定。扫雷就是要把所有非地雷的格子揭开即胜利；踩到地雷格子就算失败。游戏主区域由很多个方格组成。使用鼠标左键随机单击一个方格，方格即被打开并显示出方格中的数字；方格中数字则表示其周围的 8 个方格隐藏了几颗雷；如果点开的格子为空白格，即其周围没有雷，则其周围格子自动打开；如果其周围还有空白格，则会引发连锁反应；在你认为有雷的格子上，单击右键即可标记雷；如果一个已打开格子周围所有的雷已经正确标出，则可以在此格上同时单击鼠标左右键打开其周围剩余的无雷格。

（2）虚数海战

虚数海战为扫雷基础上的一种游戏模式，其规则如下：

1）虚数海战最终目标为清空所有没有敌人的海域。

2）玩家每走一步，地图中就会在两个还没翻开的格子里放置炸弹。

3）玩家清空海域所用的步数越少，得分越高。

4)十字形探索将在 10 步后解锁,叉形将在 20 步后解锁。

5)切换探索类型视为一步。

(3)程序工程优化

除上述游戏要求外,另增加程序工程性优化:

1)登录注册系统:注册、登录、找回密码、加密存储。

2)难度选定:初级、中级、高级、自定义。

3)额外交互:截图、查看计分板。

实验 13 综合实验 2——通讯录管理程序

13.1 实验目的和要求

1）实践用 C 语言解决具有一定规模的问题的方法和编程思路。
2）掌握文件操作的方法。
3）编写实验报告。

13.2 实验内容

实现一个以文件的方式保存用户录入的通讯录数据供用户查询和使用的通讯录管理程序。信息记录项的基本属性应该包含姓名、性别、住址、联系电话、电子邮件等。程序应该包含以下操作功能：

❑ 录入：操作添加一条新的记录项。

❑ 删除：删除一条已经存在的记录项。

❑ 修改：改变记录项的一个或多个属性，并用新的记录项覆盖已经存在的记录项。

❑ 查找：根据用户输入的属性值查找符合条件的记录项。

另外的要求包括：通讯录数据以文件形式存储在磁盘上，根据实际需要定义文件的存储格式；在程序运行中需要对文件进行读取操作；程序中还要对输入数据的容错性进行检查，以保证通讯录数据的合法性。

13.3 程序实现

13.3.1 程序总体结构

整个程序按功能可以分成以下三个模块：

❑ 输入输出模块：负责人机交互，包括程序界面显示、用户输入响应、结果输出等。

❑ 管理模块：从输入输出模块读取用户命令并进行相应的操作，包括录入、删除、修改、查找、列表等。

❑ 文件操作模块：进行存储文件的读写。

各模块之间的关系如图 13-1 所示。

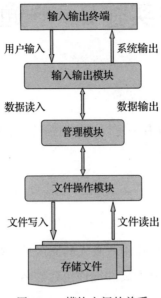

图 13-1　模块之间的关系

13.3.2　数据结构设计

程序设计了以下三个数据结构，用来保存通讯录中涉及的数据信息。

AddressRecord——用来记录通讯录中的一条记录，包括系统自动维护的记录号 num 和记录的分组号（由用户输入），以及姓名、性别、出生日期、通信地址、电话号码和 email 地址。

Date——定义日期。

SearchEntry——记录三种查询关键字，包括记录编号、组别和联系人姓名。

三种 struct 数据结构的具体定义如下：

```
typedef struct tagdate
{
    unsigned int year;
    unsigned int month;
    unsigned int day;
}Date;

typedef struct tagrecord
{
    unsigned int num;
    unsigned int group;
    char name[MAXLEN+1];
    char gender;
```

```
    Date birthday;
    char address[MAXLEN+1];
    char phone[MAXLEN+1];
    char email[MAXLEN+1];
}AddressRecord;

typedef union tagsearch_entry
{
    unsigned int num;
    unsigned int group;
    char name[MAXLEN+1];
}SearchEntry;
```

13.3.3 函数设计

系统设计的函数及其功能如表 13-1 所示。

表 13-1 系统设计的主要函数及其功能

函数原型	函数功能	函数处理描述
void ListMenu (void)	以文本方式显示程序主菜单，同时响应用户输入	通过 scanf 获取按键值，再通过 switch 语句进行命令匹配
void Waiting(void)	等待用户响应	调用 getchar()，等待用户输入以实现用户与程序的交互
void DisplayOutputFormat(void)	结果输出时，打印输出的格式信息	调用 printf() 实现
void DisplaySearchMenu (void)	输出查询功能的子菜单	调用 printf() 实现
void InputSearchEntry (char ch)	处理查询时用户的输入，将关键字读入	根据输入参数 ch，执行相应的操作
int InputSerialNum (void)	读入一个整型数值（记录编号），进行合法性检查	采用递归的方法循环读取数据
int ReplaceRecord (AddressRecord *p)	进行数据修改时，读入一个新的记录项，并用它覆盖输入参数所指向的数据记录项	参数：新记录项的指针 返回值：返回是否进行了修改的信息，已修改返回 1，否则返回 0
AddressRecord *InputRecord (void)	录入信息时处理键盘输入，对输入进行合法性检查	逐项录入通讯录记录项
int DateLegalCheck (int year, int month, int day)	检查日期是否合法	参数：年、月、日的信息 返回值：合法日期返回 1，否则返回 0
int RecordAppendInFile(AddressRecord *p)	添加一条新的记录项到文件	参数：要录入的记录项的指针 返回值：操作结果，如果插入成功则返回 1，失败则返回 0

（续）

函数原型	函数功能	函数处理描述
`AddressRecord* ReadRecordFromFile(int n)`	从文件中读出下标为 n 的块（记录项）	参数：下标值 返回值：读取结果的指针
`int WriteRecordToFile(AddressRecord *p,int n)`	向文件中写入某一块，如果该块已经存在，将其覆盖	参数：指向记录项的指针和要写入的块位置 返回值：操作结果，如果插入成功则返回 1，失败则返回 0
`int SearchRecordFromFile(SearchEntry * s,int f)`	对存储文件进行遍历，查找符合输入的记录项并输出	参数：指向查询项的指针和查询类型 返回值：符合条件的记录项总数（如果是 0 则查找失败）
`int DeleteRecordFromFile(int n)`	删除文件中某个记录块	参数：下标值 返回值：操作结果，如果插入成功则返回 1，失败则返回 0
`void AppendRecord(void)`	执行数据录入操作	调用 InputRecord() 完成数据录入，调用 RecordAppendInFile() 完成数据保存
`void DeleteRecord(void)`	执行数据记录项删除操作	调用 SearchRecordFromFile() 查找要删除的记录，然后调用 DeleteRecordFromFile() 进行删除
`void SearchRecord(void)`	执行数据查找操作	调用 DisplaySearchMenu() 进入查找的菜单，调用 InputSearchEntry (ch) 获得要查找的内容，调用 SearchRecordFromFile() 进行查找
`void ChangeRecord(void)`	执行数据记录项修改操作	调用 InputSerialNum() 输入待修改的记录，调用 SearchRecordFromFile() 进行查找，调用 ReplaceRecord() 输入新的内容，调用 WriteRecordToFile() 进行更新
`void ListAllRecords(void)`	列出当前所有联系人信息	打开文件，遍历所有记录并输出
`void Initialize (void)`	系统初始化操作，保证文件的正确性和合法性	调用 fopen() 打开文件，进行系统初始化
`void Quit(void)`	系统退出函数，写回文件以保证数据的一致性	关闭文件，退出系统

设计的数据结构和函数树如图 13-2 所示。

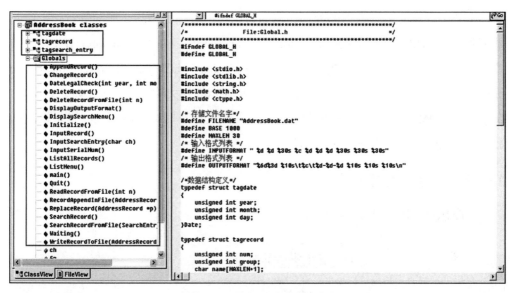

图 13-2 数据结构和函数树

13.3.4 源文件设计

为了有效地组织大型程序，使得程序易于理解，层次分明，通常通过多文件、多文件夹组织程序。根据 C 语言的特点，*.c 或 *.cpp 文件表示源文件，在具体实现时，通常将实现同一个功能模块的代码放入同一个源文件，使用 *.h 文件暴露单元的接口。在本实验中，主要引入了四个文件：DataProcess.cpp、FileOperation.cpp、MenuDisplay.cpp 和 Global.h。源文件结构树如图 13-3 所示。DataProcess.cpp

图 13-3 源文件结构树

文件中的函数主要负责数据的处理,诸如通讯录中数据的添加、删除等操作,对应的函数有 SearchRecord、AppendRecord、DeleteRecord 等;FileOperation.cpp 文件中主要放置一些与文件操作相关的函数,比如 RecordAppendInFile、ReadRecordFromFile 等;MenuDisplay.cpp 文件中主要放置程序菜单显示等相关功能函数,比如 ListMenu、DisplaySearchMenu 等;Global.h 为头文件,主要放置数据结构的定义、常量以及函数原型的说明、变量的申明、头文件包含等。

13.3.5 程序执行框图

程序执行框图如图 13-4 所示。

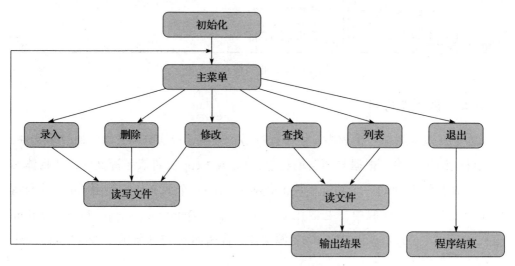

图 13-4 程序执行框图

13.3.6 程序部分源代码

源代码包含四个文件,下面分文件给出各个文件的代码,代码中都有相应的注释说明,以方便程序的阅读和调试。特别请读者注意函数注释的写法,这种注释方法非常清楚地解释了函数的原型、参数、返回值以及功能。对于团队合作而言,非常方便其他成员或第三方调用这些函数。由于整个程序相对简单,因此这里每个文件只给出了部分关键代码,详细代码参见教辅资料。

```
/**************************************************************/
/*                    File:Global.h                           */
/**************************************************************/
    #ifndef GLOBAL_H
    #define GLOBAL_H
```

```c
#include <stdio.h>
#include <stdlib.h>
#include <string.h>
#include <math.h>
#include <ctype.h>

/* 存储文件名字 */
#define FILENAME "AddressBook.dat"
#define BASE 1000
#define MAXLEN 30
/* 输入格式列表 */
#define INPUTFORMAT " %d %d %30s %c %d %d %d %30s %30s %30s"
/* 输出格式列表 */
#define OUTPUTFORMAT "%6d%3d %10s\t%c\t%d-%d-%d %10s %10s %10s\n"

/* 数据结构定义，这部分前面已有描述，这里就省略了 */
……

/* 文件存储块的大小 */
#define BLOCKSIZE (sizeof(AddressRecord)+10)

/* 全局变量声明 */
extern AddressRecord InputRec,OutputRec;
extern SearchEntry SEntry;
extern FILE *fp;
extern char ch;

/* 全局函数声明 */
void ListMenu (void);
void Waiting(void);
void DisplayOutputFormat(void);
void DisplaySearchMenu (void);
void InputSearchEntry (char ch);
int InputSerialNum (void);
int ReplaceRecord (AddressRecord *p);
AddressRecord *InputRecord(void);
int DateLegalCheck (int year,int month,int day);
int RecordAppendInFile(AddressRecord *p);
AddressRecord* ReadRecordFromFile(int n);
int WriteRecordToFile(AddressRecord *p,int n);
int SearchRecordFromFile(SearchEntry * s,int f);
int DeleteRecordFromFile(int n);
void AppendRecord(void);
void DeleteRecord(void);
void SearchRecord(void);
void ChangeRecord(void);
void ListAllRecords(void);
void Initialize (void);
void Quit(void);
```

```c
    #endif
/***************************************************************/
/*                  File:DataProcess.cpp                       */
/***************************************************************/
#include "Global.h"

/* 全局变量定义 */
FILE *fp;
char ch;
AddressRecord InputRec,OutputRec;
SearchEntry SEntry;

/***************************************************************/
/* 函数原型: void AppendRecord(void);                          */
/* 参数: 无                                                    */
/* 返 回 值: 无                                                */
/* 函数功能: 执行数据录入操作                                  */
/***************************************************************/
void AppendRecord(void)
{
    AddressRecord *InputRec=InputRecord();
    if(InputRec==NULL)
    {
        printf("Append fail.\n");
        return;
    }
    if(!RecordAppendInFile(InputRec))
    {
        printf("Write file error!\n");
        exit(1);
    }
    printf("Append success.\n");
    Waiting();
}

/***************************************************************/
/* 函数原型: void SearchRecord(void);                          */
/* 参数: 无                                                    */
/* 返 回 值: 无                                                */
/* 函数功能: 执行数据查找操作                                  */
/***************************************************************/
void SearchRecord(void)
{
    int i;
    DisplaySearchMenu();
    ch=getchar();
    if(ch>'4' || ch<'1')
```

```c
        {
            SearchRecord();
            return;
        }
        if(ch=='4')
            return;
        else
            InputSearchEntry(ch);
        i=SearchRecordFromFile(&SEntry,ch-'0');
        printf("%d records found!\n",i);
        Waiting();
}

void main(void)
{
    Initialize();
    ListMenu();
}

/**************************************************************/
/*                  File:FileOperation.cpp                    */
/**************************************************************/
#include "Global.h"

/**************************************************************/
/* 函数原型：RecordAppendInFile(AddressRecord *p);             */
/* 参    数：要录入的记录项的指针                              */
/* 返 回 值：插入成功则返回1，失败则返回0                      */
/* 函数功能：添加一条新的记录项                                */
/**************************************************************/
int RecordAppendInFile(AddressRecord *p)
{
    int count;
    if(p==NULL)
        return 1;
    if(fp==NULL)
        fp=fopen(FILENAME,"r+");
    if(fp==NULL)
        return 0;
    rewind(fp);
    fscanf(fp,"%d",&count);
    count++;
    p->num = BASE+count;
    rewind(fp);
    fprintf(fp,"%d",count);
    fseek(fp,sizeof(int),0);
    fseek(fp,(count-1)*BLOCKSIZE,1);
    fprintf(fp,INPUTFORMAT,p->num,p->group,p->name,p->gender,
            p->birthday.year,p->birthday.month,p->birthday.day,
```

```c
            p->address,p->phone,p->email);
    return 1;
}

/*****************************************************************/
/* 函数原型：AddressRecord *ReadRecordfromFile(int n);            */
/* 参数：下标值                                                    */
/* 返 回 值：读取结果的指针                                         */
/* 函数功能：从文件中读出下标为 n 的块（记录项）                     */
/*****************************************************************/
AddressRecord *ReadRecordFromFile(int n)
{
    int count;
    if(fp==NULL)
        fp=fopen(FILENAME,"r+");
    rewind(fp);
    fscanf(fp,"%d",&count);
    if(n>=count)
        return NULL;
    rewind(fp);
    fseek(fp,sizeof(int),0);
    fseek(fp,n*BLOCKSIZE,1);
    fscanf(fp,INPUTFORMAT,&OutputRec.num,&OutputRec.group,
        &OutputRec.name,
        &OutputRec.gender,
        &OutputRec.birthday.year,&OutputRec.birthday.month,
        &OutputRec.birthday.day,
        &OutputRec.address,&OutputRec.phone, &OutputRec.email);
    return &OutputRec;
}


/*****************************************************************/
/* 函数原型：int write_record(myrecord *p,int n);                  */
/* 参数：指向记录项的指针和要写入的块位置                            */
/* 返 回 值：插入成功返回 1，失败返回 0                              */
/* 函数功能：向文件中写入某一块（如果该块已经存在，将进行覆盖）      */
/*                                                                 */
/*****************************************************************/
int WriteRecordToFile(AddressRecord *p,int n)
{
    int count;
    if(fp==NULL)
        fp=fopen(FILENAME,"r+");
    rewind(fp);
    fscanf(fp,"%d",&count);
    if(n>=count)
        return 0;
    rewind(fp);
    fseek(fp,sizeof(int),0);
```

```c
        fseek(fp,n*BLOCKSIZE,1);
        fprintf(fp,INPUTFORMAT,p->num,p->group,p->name,p->gender,
        p->birthday.year, p->birthday.month,p->birthday.day,
        p->address,p->phone,p->email);
        return 1;
}

/****************************************************************/
/*                  File:MenuDisplay.cpp                        */
/****************************************************************/
#include "Global.h"

/****************************************************************/
/* 函数原型: void ListMenu(void);                               */
/* 参  数: 无                                                   */
/* 返 回 值: 无                                                 */
/* 函数功能: 以文本方式显示程序主菜单,同时响应用户输入         */
/****************************************************************/
void ListMenu(void)
{
    int iChoose;
    do
    {
        printf("1:Append Record\r\n");
        printf("2:Search Record\r\n");
        printf("3:Delete Record\r\n");
        printf("4:Change Record\r\n");
        printf("5:List All Records\r\n");
        printf("0:Quit\r\n");
        printf("Please select an operation (0-5):\n");
        scanf("%d", &iChoose);
        switch(iChoose)
        {
            case 0:
            {
                Quit();
                break;
            }
            case 1:
            {
                AppendRecord();
                break;
            }
            case 2:
            {
                SearchRecord();
                break;
            }
            case 3:
```

```
                {
                    DeleteRecord();
                    break;
                }
                case 4:
                {
                    ChangeRecord();
                    break;
                }
                case 5:
                {
                    ListAllRecords();
                    break;
                }
            }
        } while(1);
    }
```

13.4 程序运行和测试

程序运行后，出现了如图 13-5 所示的界面。选择 0～5 中的任何一个数字，将进入相应的功能模块，比如按 1，则程序进入通讯录添加模块，按要求输入相应的数据，所有数据输入完成后，提示记录添加成功，如图 13-6 所示。按任意键，则又进入了主菜单界面，可以继续进行其他操作，比如选择 5，则显示出通讯录中存储的所有的记录，如图 13-7 所示。如果想退出程序，只要按 0 键即可。

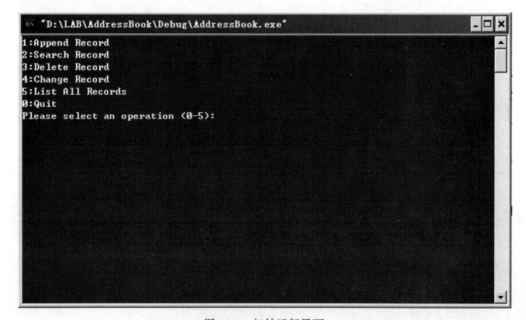

图 13-5　初始运行界面

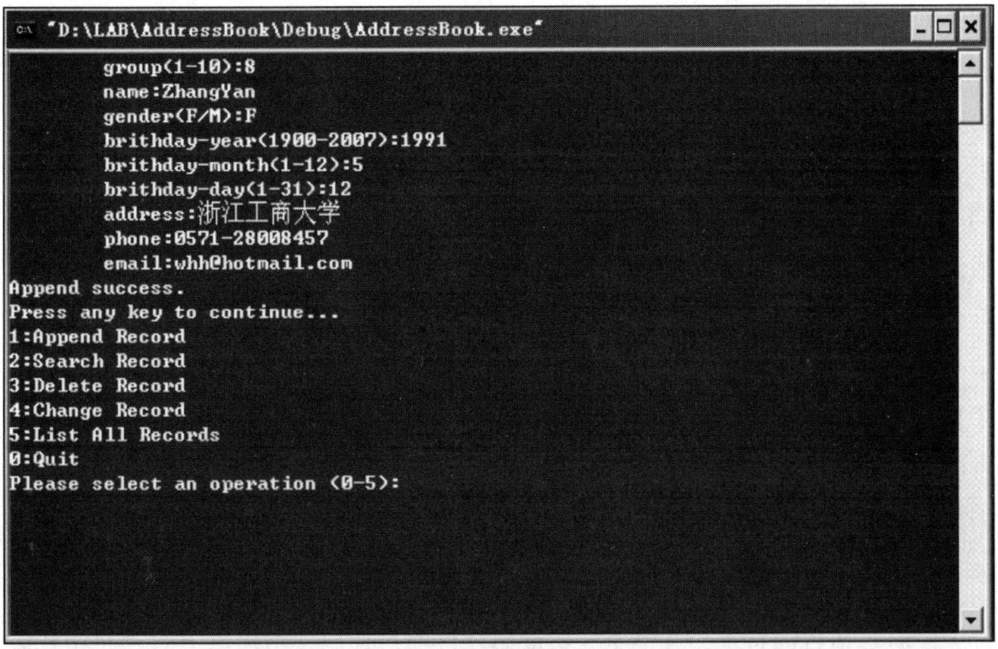

图 13-6 按 1 键往通讯录中添加记录

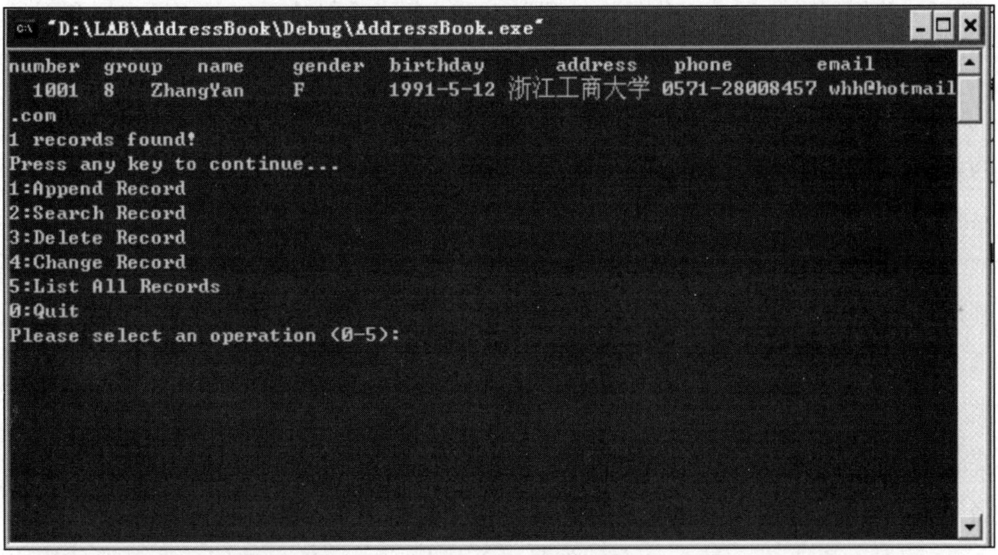

图 13-7 按 5 键显示通讯录中存储的所有记录

13.5 分析与讨论

1. 大型程序的组织

前面见到的一些程序都比较小,所以通常将所有的代码都放在一个文件中。

但是如果程序上了一定的规模后，还是将所有的代码放在一个文件中，将导致该源文件过大而不易于理解，难以修改维护。为了有效地组织大型程序，使得程序易于理解，层次分明，通常通过多文件、多文件夹组织程序。根据 C 语言的特点，*.c 文件表示源文件，在具体实现时，通常将实现同一个功能模块的代码放入同一个源文件，使用 *.h 文件暴露单元的接口，在 *.h 文件里声明外部其他模块或源文件可能用到的函数、数据类型、全局变量、类型定义、宏定义和常量定义。其他文件或模块只需包含 *.h 文件就可以使用相应的功能。虽然我们这里说的接口与 COM（通用组件模型）里定义的接口不同，但是一些基本规则相似，比如为了使软件在修改时，一个模块的修改不会影响到其他模块，所以，接口第一次发布后，在修改 *.h 文件时，要确保不能导致使用这个接口的其他模块需要重新编写。

2. 项目文件组织和划分原则

根据 C 语言的特点，并借鉴一些成熟软件项目代码，给出以下 C 项目中代码文件组织的基本建议：

1）使用层次化和模块化的软件开发模型。每一个模块只能使用所在层和下一层模块提供的接口。

2）每个模块的文件保存在一个独立的文件夹中。通常情况下，实现一个模块的文件不止一个，这些相关的文件应该保存在一个文件夹中。

3）用于模块裁减的条件编译宏保存在一个独立的文件里，便于软件裁减。

4）硬件相关代码和操作系统相关代码与纯 C 代码相对独立保存，以便于软件移植。

5）声明和定义分开，使用 *.h 文件来暴露模块需要提供给外部的函数、宏、类型、常量、全局变量，尽量做到模块对外部透明，用户在使用模块功能时不需要了解具体的实现，文件一旦发布，若想修改，一定要很慎重，文件夹和文件命名要能够反映出模块的功能。

6）在 C 语言里，每个 C 文件就是一个模块，头文件为使用这个模块的用户提供接口，用户只要包含相应的头文件就可以使用在这个头文件中暴露的接口。

3. 头文件书写规则

所有的头文件都建议参考以下规则：

1）头文件中不能有可执行代码，也不能有数据的定义，只能有宏、类型（`typedef`、`struct`、`union`、`menu`）以及数据和函数的声明。例如，以下代码可以包含在头文件里：

```
#define  NAMESTRING    "name"
typedef    unsigned long word;
enum{
    flag1=1,
    flag2=2
};
typedef    struct{
    int    x;
    int    y;
} Point;
extent   Fun(void);
extent   int   a;
```

2）全局变量和函数的定义不能出现在 *.h 文件里。例如，下面的代码不能包含在头文件中：

```
int    a;
void   Fun1(void)
{
    a++;
}
```

3）只有模块自己使用的函数、数据，不要用 extent 在头文件里声明；只有模块自己使用的宏、常量、类型，也不要在头文件里声明，应该在模块自己的 *.c 文件里声明。

4）含一些需要使用的声明。在头文件里声明外部需要使用的数据、函数、宏、类型。

5）防止被重复包含。使用下面的宏防止一个头文件被重复包含：

```
#ifndef   MY_INCLUDE_H
#define   MY_INCLUDE_H
    <头文件内容>
#endif
```

6）保证在使用这个头文件时，用户不用再包含使用此头文件的其他前提头文件，即要使用的头文件已经包含在此头文件里。例如：area.h 头文件包含了面积相关的操作，要使用这个头文件不需要同时包含关于点操作的头文件 point.h。用户在使用 area.h 时不需要手动包含 point.h，因为已经在 area.h 中用 #include point.h 包含了这个头文件。

4. 接口头文件的编写和使用规则

有一些头文件为用户提供调用接口，这种头文件中声明了模块中需要给其他模块使用的函数和数据，鉴于软件质量上的考虑，除了参考以上规则，用来暴露接口的头文件还需要参考更多的规则：

1）一个模块一个接口，不能几个模块用一个接口。

2）文件名和实现模块的 C 文件相同，如 abc.c、abc.h。

3）尽量不要使用 extern 来声明一些共享的数据。因为这种做法是不安全的，外部其他模块的用户可能不能完全理解这些变量的含义，最好提供函数访问这些变量。

4）尽量避免包含其他头文件，除非这些头文件是独立存在的。也就是在作为接口的头文件中，尽量不要包含其他模块的那些暴露 *.c 文件内容的头文件，但是可以包含一些不是用来暴露接口的头文件。

5）不要包含那些只有在可执行文件中才使用的头文件，这些头文件应该在 *.c 文件中包含。与上一条规则一样，这也是为了提高接口的独立性和透明度。

6）接口文件要有面向用户的充足的注释，从应用角度描述暴露的内容。

7）接口文件在发布后尽量避免修改，即使修改也要保证不影响用户程序。

5. 说明性头文件的编写和使用规则

这种头文件不需要有一个对应的代码文件，在这种文件里大多包含了大量的宏定义，没有暴露的数据变量和函数。针对这些文件给出以下编写建议：

1）包含一些需要的概念性的东西。

2）命名方式：文件功能 .h，以准确反映该文件的功能。

3）不包含任何其他的头文件。

4）不定义任何类型。

5）不包含任何数据和函数声明。

13.6 实验内容扩展

1. 全国交通咨询模拟

不同目的的旅客对交通工具有不同的要求。例如，因公出差的旅客希望在旅途中的时间尽可能短，出门旅游的游客则希望旅费尽可能省，而老年旅客则要求中转次数最少。编制一个全国城市间的交通咨询程序，为旅客提供两种或三种最优决策的交通咨询。

（1）基本要求

1）提供对城市信息进行编辑（如添加或删除）的功能。

2）城市之间有两种交通工具：火车和飞机。提供对火车时刻表和飞机航班进行编辑（增设或删除）的功能。

3）提供两种最优决策：最快到达或最省钱到达。全程只考虑一种交通工具。

4）旅途中耗费的总时间应该包括中转站的等候时间。

5）咨询以用户和计算机对话的方式进行，由用户输入起始站、终点站、最优决策原则和交通工具，输出信息为最快需要多长时间才能到达或者最少需要多少旅费才能到达，并详细说明依次于何时乘坐哪一趟火车或哪一次班机到何地。

（2）测试数据

表13-2给出了一个测试用例表，表中给出了全国部分城市。城市之间的距离以及它们之间的机票价格、火车票价格、是否有直达火车或飞机，可以由程序员自己拟定，也可以由读者通过网络查出真实的火车票、飞机票价格和直达情况。为了简单起见，读者也可以选择其中的几个城市来建立测试数据。

表13-2 全国部分城市列表

北京	天津	石家庄	哈尔滨	上海	南京
杭州	长春	大连	沈阳	太原	济南
青岛	宁波	福州	厦门	郑州	武汉
长沙	重庆	合肥	南昌	广州	深圳
成都	贵阳	昆明	南宁	西安	兰州
乌鲁木齐	银川	西宁	呼和浩特	拉萨	海口

2. 银行账目管理

（1）说明

账目管理是整个银行业务中的一小部分，主要包括借款、还款、存款业务。为了管理账户，设立两个文件：一个是账户基本信息文件，包括账户的账号、姓名、身份证号、建账日期等信息；另一个是账户余额文件，包括账户的账号和当前余额两项数据。

本程序能够执行账户的开户、借款、还款、存款、清户（删除）等操作，而且能够实现对账户信息的查询统计功能、按借款户的余额从大到小排序功能、按存款户的余额从大到小排序功能和按开户日期从前到后排序功能等。

（2）要求

1）账户基本信息文件和账户余额文件均为随机存取文件。

2）开新户时，用户只输入姓名、身份证号、金额、日期四个数据，由程序自动生成账号并通知用户，同时将相关数据存入上述两个文件中。

3）余额为负数表示借款额，为正数表示存款额。

4）能够按账号查询账户的基本信息和当前余额，能够列出最大借款额账户和最大存款额账户的基本信息和当前余额。

5）删除账户时，暂将账号部分置为 –1，对文件不做其他处理。

6）程序中专门提供对两个文件进行"紧缩"的处理，即清除账号为 –1 的全体记录。

7）程序应提供排序功能。

8）程序能够统计当前账户个数、当前借款总额、当前还款总额以及借款总额与存款总额的差额。

9）程序要在每次启动时对借款额超过 5 万元的账户发出预警信息。

10）程序启动时要进行使用者和口令的注册检查，非法使用者拒绝进入。程序中除注册和注册后发出预警消息两项功能外，其余功能均可列出菜单以供选择。为简化设计，使用者和口令用静态全局数据表示。允许连续三次输入，三次均不正确，拒绝进入。

11）具有登录功能和密码加密功能。

12）具有纠错功能，对身份证号等信息进行正确性检查。